科学新悦读文丛

身边有科学 妙趣横生的数学

高慧 刘行光 ◎ 编著
杨仕强 ◎ 绘

人民邮电出版社
北京

图书在版编目（CIP）数据

身边有科学. 妙趣横生的数学 / 高慧，刘行光编著 ；
杨仕强绘. -- 北京 ：人民邮电出版社，2021.8（2022.12重印）
（科学新悦读文丛）
ISBN 978-7-115-55860-2

Ⅰ. ①身… Ⅱ. ①高… ②刘… ③杨… Ⅲ. ①自然科学－普及读物②数学－普及读物 Ⅳ. ①N49②01-49

中国版本图书馆CIP数据核字(2020)第268263号

◆ 编　　著　高　慧　刘行光
绘　　　　杨仕强
责任编辑　王朝辉
责任印制　王　郁　陈　犇

◆ 人民邮电出版社出版发行　　北京市丰台区成寿寺路 11 号
邮编　100164　　电子邮件　315@ptpress.com.cn
网址　https://www.ptpress.com.cn
涿州市京南印刷厂印刷

◆ 开本：880×1230　1/32
印张：7.25　　　　2021 年 8 月第 1 版
字数：145 千字　　　　2022 年 12 月河北第 9 次印刷

定价：39.80 元

读者服务热线：(010)81055410　印装质量热线：(010)81055316
反盗版热线：(010)81055315
广告经营许可证：京东市监广登字 20170147 号

内 容 提 要

数学无处不在，它藏身于我们生活中的每一个角落。小到日常生活中的柴、米、油、盐，大到个人投资理财、置业经商，到处都有数学的身影。本书采用谈话的形式，生动地介绍了算术、代数、几何等初等数学知识在日常生活中的实际应用，语言通俗，亲切自然，深入浅出，引人入胜。全书共列举了60多个生活实例，可以帮助读者开阔视野、活学活用数学知识。希望读者能从本书中体会到生活中的数学之美，并学会如何应用数学的方法解决实际问题。

本书为大众科普读物，适合广大数学爱好者阅读，尤其适合青少年读者学习使用。

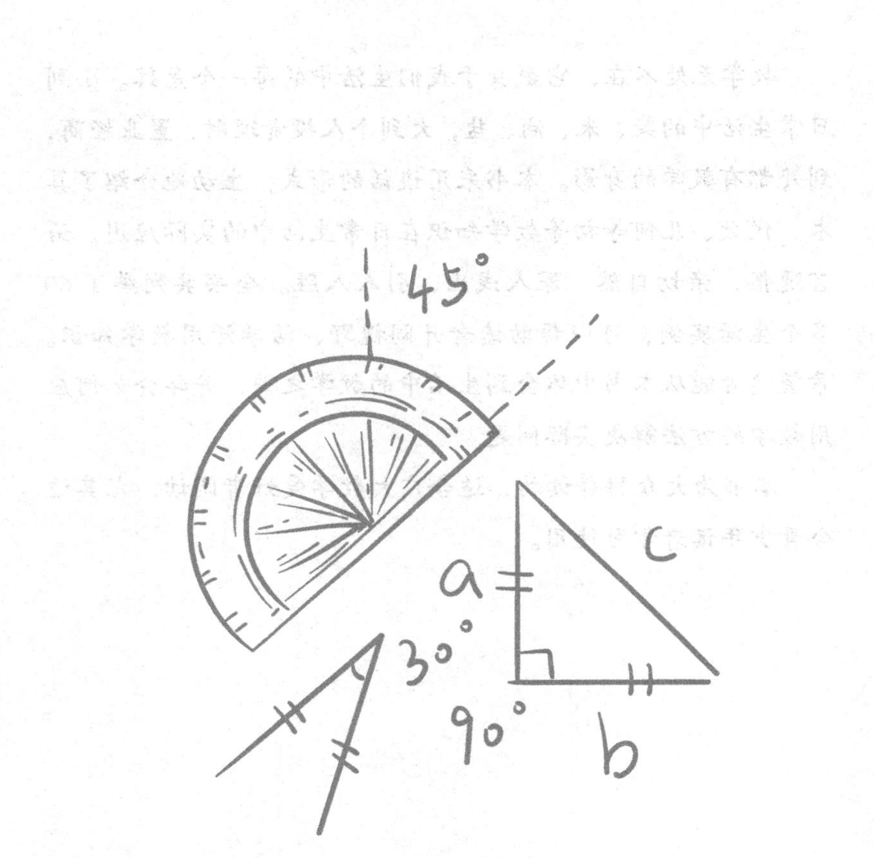
45°
30°
a
c
90°
b

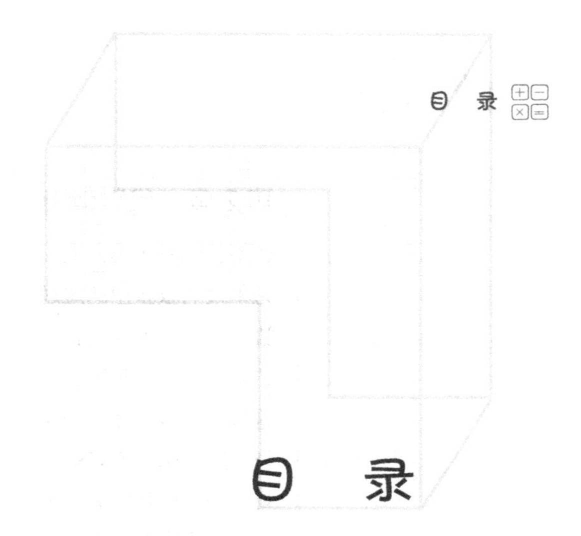

目 录

开场白

第 1 章 算术巧用

第 2 章　代数传奇

第 3 章　几何迷宫

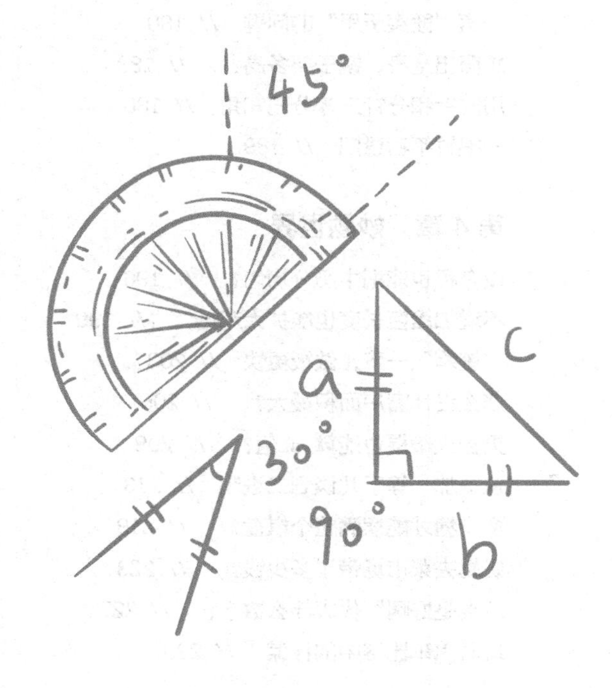
45°
c
a
30°
90°
b

开场白

6 月初的一个周末，我刚用完早饭，就听到了一阵急促的敲门声。门还没打开，一个清脆的声音就从门外传了进来："叔叔，在家吗？开开门吧！"

一听这声音，我就知道是谁来了。他叫刘书戎，是我的侄子。两周前，我们就说好了今天要讲"妙趣横生的数学"。

这小家伙一进门，就迫不及待地问："叔叔，您和秦老师商量得怎么样了？"

"商量好了，你很幸运哦，秦老师今天和你分享妙趣横生的数学。不过——"我特地拉长了声调，"你得用心听秦老师的讲述，主动回答提问，可不要光听不思考哦！"

书戎一听这话，往自己的小脑袋上轻

轻拍了一下，兴高采烈地回答说：“好的，侄子一定听叔叔的话，用心思考。”接着，他又往门外跑了出去。

在我一头雾水的时候，书戎又带着两个小朋友进来了。和书戎一样，这两个小家伙看着很机灵，很讨人喜欢。或许是初次见我的缘故，他们略显拘谨。

“这是我叔叔。叔叔和我谈了日常生活中的物理知识后，就出版了《身边有科学：包罗万象的物理》一书。”书戎在给他的小伙伴介绍我时，显得特别自豪。

“您好，叔叔。”他们不约而同地向我问好，甚是可爱。其中，戴眼镜、高个子的小朋友说：“叔叔，我们的物理老师让我们都读一读您写的书呢！写得真好，既生动，又有趣。”

紧接着，书戎向我介绍：“他是我们班的数学科代表，叫李楠。”一边说，一边指向刚说话的小朋友。

“‘数学迷’是他的外号！”个子矮点儿、胖点儿的小朋友连忙插上一句。

“这一位是贾明，因为他的问题多得让人受不了，所以，我们给他起了一个外号，叫‘问到底’。”书戎向我介绍那位较矮胖的小朋友。“当他们知道我要来听您和秦老师讲‘妙趣横生的数学’，都嚷嚷要跟我来。”

“哦，原来一个是‘数学迷’，一个是‘问到底’。欢迎你们！”我招呼他们进屋，并问道：“看来，你们都喜欢数学，是吗？”

“数学喜欢倒是喜欢，”李楠说，“但是，和化学、物理

相比，数学更加枯燥、抽象一些，与生活的联系好像不多。”

贾明马上接着说：“对啊，我也认为数学太抽象了！当我知道书戎要来听您和秦老师讲数学后，就被吸引过来了，因为我不明白，身边的数学在哪里？”

“从表面上看，数学确实挺抽象的，不过，它与我们的生活可是息息相关哦！数学是人类根据生产生活经验总结出来的，它在我们生活中的体现，绝不会少于物理和化学。秦老师和我说，他能想到的，估计几天都谈不完。”

三个小朋友听了我的话以后，表情甚是惊讶，相互看了一下，贾明更是偷偷吐了一下舌头。

第 1 章
算术巧用

为了改变沉闷的气氛，书戎主动问我："叔叔，秦老师大概什么时候到？"

"可能要 8 点 30 分。"为了避免他们等得不耐烦，我递给他们几本《科学画报》，并说："不如你们先阅读一下画报，等秦老师到了，我们再详细说说身边的数学吧。"

李楠看了一会儿画报，抬起头对我说："叔叔，这上面有一篇文章是关于算术的，上面说'算术是数学中最基础和最初等的部分，至于几何、代数等许多数学分支都是后来很晚的时候才有的'。我们在小学就学过算术，真没想到它还有这么久的历史！"

贾明边听边点头，最后若有所思地问："我们学习了代数方程，觉得用它们解应用题更方便，算术还有用吗？"

我笑着说："解应用题时，代数的方法比算术方法更快更好，这好比骑自行车总比走路快。但是，多走路更能锻炼腿功，两条腿有劲了，骑车也更快一些嘛！还有，在爬山的时候，遇上崎岖小道，那就无法骑车，只好步行了。解应用题也有类似的情况，多用算术方法解题，更能培养你们的思考能力，何况有的题目根本列不出代数方程来，那只好求助于算术方法了。"

1、2、3、4、5……
+、-、×、÷
科学
画报
科学
科学
画报
科学
画

哪种方法洗得干净？

我看秦老师还没有到，便安排儿子刘畅进行语文复习，然后打了一桶水去洗衣服。

看到我要洗衣服了，书戎马上放下画报走过来说："让我来洗吧，叔叔。"接着，他往洗衣盆里倒了满满一桶水。

我说："书戎，你这种洗衣服的方式不科学。要想洗干净，就要将一桶水分两次用。"

"为什么？"书戎疑惑地看着我，说，"一次两次都是这桶水啊，一次性倒完它，不是可以更快洗完吗？"

"一开始，我也是这样想。不过，当秦

老师告诉我其中的缘由后，我才发现这两种洗法大有不同。”

“秦老师说什么了？”

“事实上，这是一个特别简单的数学问题，只需要用心思考一下，你就会掌握其中的奥妙。”

书戎歪着脑袋想了想，还是摸不着头脑，就去搬“救兵”了——他叫来了贾明和李楠，并说：“我被叔叔刚刚提出的一个数学问题难倒了，关于洗衣服的，你们帮我想一想。”

贾明满不在乎地说：“怪了，洗衣服也算得上难题？”

“好吧，既然你这么说，”书戎问贾明，“那你认为，一次性用完一桶水，和一桶水分两次用，哪种洗法更好？”

“都一样好！”贾明抢着回答。

“我也这样认为，”书戎连连点头附和，“但秦老师告诉我叔叔了，说这两种洗法有所差异。”

“这样，我们别急着下定论，”李楠轻轻扶了一下眼镜，不慌不忙地说，“我们算清楚再下结论。”

“我同意李楠的说法，”看了看桶里的衣服，我继续说，“一桶水是 10 升，假如我衣服的污垢为 10 克，衣服洗完拧干后，衣服里还有 1 升水。照这么算，你认为哪种洗法洗出来的衣服更干净？”

“我认为，第二种方法比第一种方法好。”李楠像小大人一样异常沉稳地说：“如果这 10 克污垢都溶在这一桶水里，说明 1 升水就有污垢 1 克。拧干衣服后，衣服里还有 1 升水，所以，还有 1 克污垢沾在衣服上。”

李楠的话还没有说完，书戎马上恍然大悟，说：“我明白其中的道理了。用第二种洗法，将一桶水分成两盆，也就是每盆水 5 升。用第一盆水时，10 克污垢都溶在 5 升水里，拧干后剩 1 升水，即有 2 克污垢。紧接着用第二盆水洗，1 升湿衣服的水量加上 5 升干净的水，总共 6 升水，用 6 升水去冲洗 2 克污垢，即 1 升水有$\frac{1}{3}$克污垢。洗完第二盆水后衣服里只有 1 升水，说明衣服残余污垢只有$\frac{1}{3}$克。”

在书戎还没有说完的时候，贾明也明白了其中的奥妙：“事实证明，第二种洗法洗出来的衣服比第一种洗法干净得多。”

“没错，李楠和书戎都说对了，”我表扬他们，“这就是秦老师的计算方法。”

贾明主动上前说：“叔叔，那么让我用第二种洗法，替您洗完这些衣服吧！”

“谢谢，不用了。”我找了一个借口拒绝小朋友的好意，“我们还得让这衣服继续浸泡一会儿，而且，秦老师快到了。”

话音刚落，就传来了敲门声，书戎兴奋地说：“肯定是秦老师！”便赶紧出去迎接。一开门，他马上说：“您终于来了，秦老师！我们刚刚针对洗衣服过程中隐藏的数学知识进行了一番探讨。”

小“数学迷”巧对钟表

当秦老师与书戎讨论接下来的话题时，我无意中发现，座钟仍然停留在 7 点 10 分。我仔细一看，才发现座钟停了，一下子就急了起来：“我得想想办法了。手表拿到外面擦油去了，要拿回来起码得 10 天，这些日子计时都得靠座钟呢。”

秦老师知道我的座钟停了后，也下意识地往自己手腕看了一下，眉头紧皱：“不巧，今天走得匆忙，忘记戴手表了。”

我对书戎说：“李阿姨是我的邻居，她的钟走得特别准，不如你拿这个座钟去李

阿姨家对一下。”谁知书戎是个急性子，我话还没说完他就抱着座钟要往外走。

秦老师见状马上站起来，将书戎拦住了：“你别抱着座钟去，很容易摔坏的。不如你空手去邻居家看一下，将离开的时间与到达的时间记下来即可。”

三个小朋友都猜不透秦老师葫芦里卖的是什么药。书戎问：“秦老师，莫不是您和我们开玩笑？”

当时我也在想，不拿座钟去，怎么可能对得准？

“我可不是和你们几个小毛孩开玩笑噢。这种对钟方法，它的精确性完全不输于拿着座钟去对。”秦老师上好座钟发条，让它渐渐运转起来，并对书戎说，“你速去速回，不要耽误时间，将到达李阿姨家的时间和离开的时间记下来。”

书戎走后，百思不得其解的贾明一个劲儿地问：“秦老师，您给我说说其中的原理好吗？”

“其实很简单，”秦老师轻轻一笑，“在书戎回来以前，你们先自行思考一下。”

此时，李楠低头不语，想得甚是入神。

没多久，书戎就回来了。他说：“秦老师，我是 8 点 32 分到达李阿姨家的。我还顺道给李阿姨倒了一下垃圾，8 点 40 分才从她家出来。”

秦老师瞄了一眼我的座钟，此时正是 7 点 30 分。他将钟拨到 8 点 46 分，接着他对三个小朋友说：“好了，座钟被我们对准了。不过，你们知道我是如何把钟对准的吗？”

书戎和贾明摇着他们的小脑袋说：“不知道。”

此时，李楠马上接过话去："我知道！"他非常自信地对秦老师说："您在书戎离开那一刻起，让座钟走动，并将时刻记录下来。然后，您根据书戎回来的时刻，计算出他前后离开的时间是 20 分钟。根据书戎到达和离开李阿姨家的时间，您判断出他在李阿姨家停留的时间是 8 分钟。将他离开的时间和在李阿姨家停留的时间相减，即 20 分钟减去 8 分钟，得到的 12 分钟是他往返的时间。12 除以 2，得到的结果是 6 分钟，说明他从李阿姨家回来花费了 6 分钟。书戎是 8 点 40 分从李阿姨家回来的，所以，把钟拨到 8 点 46 分就对了。"

李楠思维清晰，得到了秦老师的高度好评："难怪被称为'数学迷'！说得太对了。"

贾明心悦诚服，认真地对秦老师说："他就是比我们聪明。"

"那你就错了，"我指着贾明说，"我看你也挺聪明的啊。"

"可我就是不懂分析啊！"

"你的外号是'问到底'对吗？你要知道，我们不但要会提问，而且要懂得如何解答，"秦老师说，"你得积极向李楠看齐哟。"

我对书戎说："不懂得思考是你的缺点之一。"

贾明和书戎不约而同地说："我们将以'数学迷'为榜样，好好学习！"李楠一听，小脸一下子变得红通通的，有点害羞了。

这个塑料桶能装下多少面粉？

我刚洗好衣服，秦老师关于“对钟表”的话题也正好结束了。在准备晾衣服时，我看见爱人匆匆打开家门，急急忙忙地说：“刚才我在超市里发现面粉在做促销活动，特别优惠。我们家的面粉刚好用完了，你赶紧买40斤（1斤＝500克）回来！”接着，她快步走进屋里，出来时手上正拿着一个塑料桶，问：“这个桶可以装下40斤面粉吗？”

我接过塑料桶一看，说：“和我上次装20斤面粉的那个桶相比，这个桶稍微粗一些，可能差不多吧。”

“你差不多是什么意思啊？”爱人有点

生气了："要是装不下，怎么办？"

"叔叔，我来替您解决这个问题，"书戎将我手里的面粉桶接过去，"这很简单，我们把它和您上次用过的桶对比一下，就知道它是否装得下 40 斤面粉了。"

接着书戎走进厨房，将两个桶整齐地放在一起，发现两个桶一大一小后，就将小桶往大桶里放，并且用尺子量了一下。没多久，他一脸兴奋地跑出来对我说："叔叔，还好我量了一下，我建议您多带一个小口袋，因为这个桶无法装下 40 斤面粉。"

"你是如何确定的？"我故意问他。事实上，我知道这个桶可以装下 40 斤面粉。

书戎胸有成竹地说："虽然这两个桶有着相同的高度，不过，大桶的周长只是小桶周长的 1.5 倍，而小桶只装得下 20 斤面粉，说明大桶肯定没办法装下 40 斤面粉了。"

"对的，"贾明接着说，"如果大桶的周长是小桶的 2 倍，那就可以装下了。"

我和秦老师听完书戎和贾明的回答后，忍不住都笑了。他们俩面面相觑，不明所以。书戎更是一个劲儿地说："对，就是装不了。"

李楠思维比较清晰，他悄悄提醒书戎："一个圆柱体的底面周长扩大 0.5 倍后，它的体积扩大了多少？你算一下。"

得到提示的书戎开始计算起来："圆形的周长为 2π 乘以半径，如果大桶的周长是小桶的 1.5 倍，那么说明大桶的半径也是小桶半径的 1.5 倍，若小桶的半径是 r，那么大桶的半径就是 1.5r；而圆柱体的容积为底面积乘以高度，底面积又为 π 乘以半径的平方，两个桶的高度相同都是 h，那么小桶的容积就是 $\pi r^2 h$，大桶的容积是 $\pi\left(\frac{3}{2}r\right)^2 h$，是 $\frac{9}{4}\pi r^2 h$，大桶容积足足是小桶的 2.25 倍。”

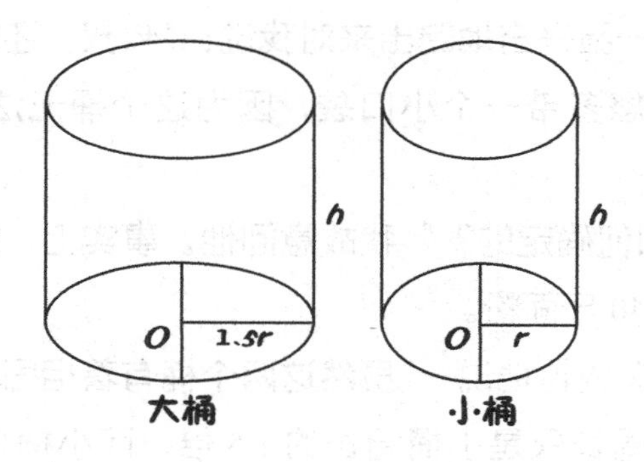

“那就是装得下了，”书戎话没说完，就被贾明打断了，“20 乘以 2.25 倍，结果是 45，说明这个桶可以装 45 斤面粉。”

“我们就是不够细心，才说装不了。”书戎低声地说。

“你何止粗心！”我毫不留情地批评书戎，“对于学过的知识，你常常不懂得如何正确运用，仅凭猜想就去作答，不错才怪！”

说完，我就准备骑自行车出去买面粉，爱人却拦住了我说：“好吧，我自己去，让你偷一次懒。你和书戎好好说说数学方面的知识吧。”

书戎一听，马上变得眉飞色舞起来，迅速向我的爱人行了一个大礼，调皮地说：“不愧是我的好婶婶，谢谢了！”

谁“偷”走了他的生日？

可能是刘畅知道他的母亲出去了，就悄悄溜出来，与贾明聊得很起劲儿。

“你们在聊什么，这么投入？”秦老师打趣地问。

“贾明哥哥问我多大了，想和我做朋友。”刘畅抢着说。

“那你和贾明哥哥说你几岁了吗？”

“没有，”刘畅回答说，“我告诉他，从出生到现在，我才过了两个生日。”

“你才两周岁？”这下，轮到李楠惊讶不已了。

“我只是说我才过了两个生日，不是说我两岁。”刘畅连忙解释道。

秦老师哈哈一笑，说：“兴许是你爸妈太忙，忘记你生日了。”

“是日历‘弄丢’了他的生日，不是我们忘了。”我说，“刘畅的第二个生日是今年过的，我还特地和他解释过了，谁承想，他又拿来捉弄人了。”

“原来如此。”秦老师恍然大悟。

“对啊，一旦找到日历‘弄丢’刘畅生日的原因，就知道他今年多少岁了，还可以计算出他的出生日期。”我说。

书戎和他的两个小伙伴看着刘畅，想得非常入神。但是，他们仍然苦无良策，只能沉默。

“关于闰年，你们了解过吗？”为了打破僵局，秦老师主动问道。

“我知道！”书戎抢着回答，“我记得叔叔说过，按照天体运行规律，平均每年有365.2422天。如果按照1年365天来算，则每400年就会少了约97天，这97天是怎么来的呢？其实是0.2422×400的近似结果。所以，只能通过闰年的方式去弥补这少了的97天。闰年有366天，如此一来，每400年中就有闰年97年……”

“为什么闰年只有97年？好像是‘四年一闰’吧。可是，我们如何找闰年？”心急的贾明恨不得马上揭晓答案。

“你说‘四年一闰’是对的。”书戎接着说，“闰年的规律就是，用年份的后两位数除以4，如果答案是整数，说明这一年就是闰年。举个例子，1984年，84是后两位数，可以被4整除，因此，1984年就是闰年。但是，若年份后两位数都是零，则被除数要能够被400整除才是闰年。如1700年、1800年、1900年等并非闰年，但是2000年是闰年。因此，400年只有

97 个闰年，因为其中少了 3 个闰年。”

“竟然有这样的规律，我却不知道。”贾明自顾自地说。

“是的，平年 2 月有 28 天，闰年 2 月则有 29 天，”李楠突然明白了，“被日历‘弄丢’的生日，就是 2 月 29 日。因此，刘畅的生日肯定是 2 月 29 日。”

“对！”刘畅开心地说，“2 月 29 日就是我的生日，那我今年是……”

“8 岁，对不对？”刘畅还没说完，贾明就打断了他的话，“你生于 2012 年，第一次生日是 2016 年，2020 年过第二次生日，如今是 2020 年 6 月，因此，你足足 8 周岁了。”

年份	2 月天数	
2012	29	$2012 \div 4 = 503$
2013	28	$2013 \div 4 = 503 \cdots\cdots 1$
2014	28	$2014 \div 4 = 503 \cdots\cdots 2$
2015	28	$2015 \div 4 = 503 \cdots\cdots 3$
2016	29	$2016 \div 4 = 504$
2017	28	$2017 \div 4 = 504 \cdots\cdots 1$
2018	28	$2018 \div 4 = 504 \cdots\cdots 2$
2019	28	$2019 \div 4 = 504 \cdots\cdots 3$
2020	29	$2020 \div 4 = 505$

“是的，”刘畅说，“虽然我‘弄丢’了 6 个生日，可我没有‘弄丢’我的岁数哦！”

“就是，”我补充说，“尽管生日‘弄丢’了，可你每年都会收到生日礼物，也没少吃生日蛋糕哦！”

我的话让他们都忍不住大笑起来。

足球上有多少块黑皮子，多少块白皮子？

对刘畅生日的讨论，激发了他的“玩劲”。只见他从墙角处拿起一个足球，扔向书戎，说：“书戎哥哥，难得你来我们家，刚好今天贾明哥哥和李楠哥哥都在，不如我们踢足球，怎么样？”

“不好吧？”书戎看了看我和秦老师，压着嗓子说，“你没看到你爸和秦老师，正在和我们谈数学呢！”

说实话，贾明也动了踢足球的念头。他悄悄给刘畅使了一个眼色，然后装出一本正经的样子，向着书戎说：“不知不觉就说了这么久，叔叔还没晾衣服呢，秦老师也需要休息一下了。不如，我们先和刘畅踢 15 分钟足球，然后再继续谈，如何？”

“看不出来，你还挺滑头的！”秦老师笑着回应贾明。“不如我出一道非常简单的题，如果你们回答正确，就允许你们小玩一会儿，怎么样？”

“行！”书戎和贾明几乎同时说道，“那肯定是很简单的题。”

“当然简——单——”秦老师特地拉长了“简单”两个字，“只是数数而已。”

听到数数，刘畅又开始调皮了。他想，谁不会数数啊，我都学到乘法了。他将小手放在秦老师胳膊上，一边摇晃着，一边撒着娇说：“不如我先数，行不行？”

“可以，可以，”秦老师将足球从地上拿起来，“你数一数足球上的黑皮子和白皮子各有多少块。”

“嘿，这也太简单了吧？”刘畅马上抱起足球开始数。但是，看似简单的足球，真的数起上面的黑白皮子来，却怎么也数不完，他的头上开始冒出许多细小的汗珠。

看刘畅着急，书戎与贾明赶紧来“救场”。贾明还不以为然地说：“都上小学了，还数不清这几块皮子！”

书戎指着足球说：“黑皮子好像没有白皮子多，不如我们先数完足球上的黑皮子，再数白皮子。”

三个小朋友，以每人手上都按两块黑皮子的方式，按完足球上的黑皮子，发现共有 12 块。接着，他们在数白皮子时，也使用同样的方式，因为白皮子比较多，他们怎么数也数不清。在这样的情况下，李楠并没有主动上前帮忙，而是看着足球陷入沉思。

秦老师忍不住提醒他们："你们刚才不是说黑皮子有 12 块了吗？是否可以利用计算的方法将白皮子的数量计算出来呢？"

"这究竟要怎么算才对？"贾明又开始自说自话。

"我明白了。"李楠将足球接过来，不紧不慢地说，"黑皮子有 5 条边，白皮子有 6 条边，每块黑皮子与白皮子的边都是缝在一起的。每块白皮子都有 3 条边与黑皮子的 3 条边缝在一起。由于足球是封闭的，因此，这两种皮子的边数刚刚好，没有多也没有少。"

"我说'数学迷'，这时候卖什么关子？赶紧说说到底怎样计算白皮子与黑皮子的数量吧。"贾明不耐烦地插了一句话进来。

"我现在就给你讲解计算方法，急什么急？"李楠慢条斯理地说，"我们假设有 x 块白皮子，说明它一共有 $6x$ 条边。其中，有 $3x$ 条白皮子边与黑皮子边缝在一起。刚才我们已经知道有 12 块黑皮子，也就是黑皮子边有 $12 \times 5 = 60$ 条。这 60 条黑皮子边肯定与 $3x$ 条白皮子边缝起来，因此，$3x$ 就等于 60，x 就等于 20。"

"说明有 20 块白皮子！"书戎抢先李楠一步说出了正确答案。

“不愧是‘数学迷’！有两把刷子！”贾明对李楠由衷地赞赏道。

“不错，李楠分析得非常正确。”秦老师也忍不住称赞。

“李楠哥哥回答对了？”刘畅欢天喜地地叫了起来，“我们可以快乐地玩耍了！”

“刘畅，你瞎嚷嚷什么！”我说，“该让秦老师休息一下了，你们到外面踢一会儿球吧，我们待会儿再谈。”

我的话音刚落，4 个小家伙就兴高采烈地走出去了。只听他们一边走一边聊了起来。

“虽然我们常常踢足球，却不知道足球里也有数学问题呢。”

“对啊，我叔叔说，科学知识就藏在我们的日常生活中，关键在于你是否想学。”

“看来我们得认真观察身边的事物，多动脑筋，这样就能够掌握更多的知识了。”

到底是谁占了谁的“便宜”？

踢完球回来的小朋友们，个个都是大汗淋漓的。我让他们先把小脸洗干净，顺便把身上的汗也擦干。然后，我将自制的酸梅汤和橘子水从冰箱里拿出来，给他们解渴。书戎倒了三杯酸梅汤，递给我一杯，再递给秦老师一杯后，自己也拿起一杯喝了起来。贾明给自己和李楠各倒了一杯橘子水。

“我的呢？”刘畅发现自己没有，傻眼了。

“对啊，你们怎么把刘畅忘记了呢？”

秦老师打趣地说，“来，刘畅，老师的给你。”

“不，不，”我赶紧将秦老师拦住，将自己的酸梅汤递给刘畅，“我不爱喝酸的，这杯给你喝吧。”

刘畅端起我的那杯酸梅汤，一口气喝完了，接着倒了一杯橘子水给我。

贾明准备喝时，只见书戎朝他走过去，说：“你知道吗？贾明，你要是加点酸梅汤到橘子水里，味道更好呢。”接着，从自己杯子里直接舀了一汤匙酸梅汤，倒进贾明的杯子里。

贾明用汤匙轻轻搅拌了一下，尝了一小口，说：“还别说，味道确实好多了。来，你那杯也加点橘子水进去，酸酸甜甜的，味道更好。”接着，他也舀了一汤匙橘子水，倒进书戎的杯子里。

“看你们这样一闹，我又发现了一个新的问题，”秦老师笑着说，“你俩对比一下书戎的酸梅汤和贾明的橘子水，看哪个多，哪个少？”

听到秦老师出的题，书戎心里暗暗地想：“虽然我得到了贾明的一汤匙橘子水，可他也得到了我的一汤匙酸梅汤。”

贾明的想法和书戎的想法一模一样。

两个人都傻傻地站在那里，不知道怎样回答才对。

为了打破这种沉默的氛围，秦老师为他们打气说：“这个题目其实很容易，你们认真思考一下，就知道答案了。”

此时，李楠正要开口，书戎却抢先一步说：“‘数学迷’，不如你先休息一下，我和贾明自己计算吧。”

“书戎说得没错，让我们自己算一下。”接着，两个小朋友便认真算了起来："假设我们原来各有10汤匙橘子水和酸梅汤。当你把一汤匙酸梅汤倒进我的杯子里以后，我就共有11汤匙了，其中的一汤匙是酸梅汤。所以搅匀以后，酸梅汤占总量的$\frac{1}{11}$。"

书戎接着说："这么说，你舀给我的一汤匙橘子水里，有$\frac{1}{11}$汤匙是酸梅汤，你只给了我$\frac{10}{11}$汤匙的橘子水。哈哈，你占了我的'便宜'啰。"

"贾明，你真的占便宜了吗？"李楠有意追问一句。

"没有，是书戎搞错了，"贾明指着书戎清醒地说，"你最初给了我一汤匙酸梅汤，现在我又还给了你$\frac{1}{11}$汤匙，这等于我的杯子里还留有$\frac{10}{11}$汤匙的酸梅汤。"

书戎恍然大悟，说："原来我们谁也没有占'便宜'，我给贾明的酸梅汤同他给我的橘子水一样多，都是$\frac{10}{11}$汤匙。"

单独解完一道题后，贾明显得自信满满，主动向秦老师要任务："秦老师，要不您再单独给我出道题，考考我吧。"

该拿几个瓶子去买饮料？

“天哪，都 12 点了！”不看钟不要紧，一看座钟，秦老师马上坐不住了，对着贾明和李楠说，“我们去吃饭吧，下午继续。”接着便准备往外走。

我赶紧将他们拦住，笑着说：“今天我做东，大家吃顿家常便饭，都留下。”

秦老师还执意要走，我说：“老兄，你看，这些小家伙都在兴头上，不如我们边吃边聊，如何？”

听了我的话，贾明和李楠也纷纷当起了说客：“秦老师，就留下来一起吃吧，我们边吃边谈，别提多开心了！”

大家再三挽留，成功地说服了秦老师，

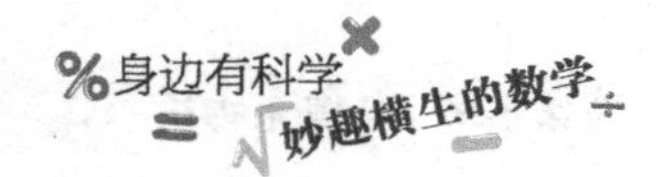

他最终还是坐下来了。然后，我吩咐书戎："你去外面买两升散装饮料回来，顺道买点儿凉菜。"

"可是，饮料桶在哪里？"

"要饮料桶做什么？用几个空瓶子装回来就行了。"

"两升饮料呢，几个瓶子能装完吗？"

"那……"我还真被书戎的话给难住了，顿时无话可说。

秦老师见我这样，马上来替我解围，他说："书戎，你拿尺子量一下，先算一下一个瓶子的实际容积。"

书戎一听，马上拿起尺子，对着空瓶看了看，却无从下手，就将瓶子递给李楠说："要不你来，你看看怎么量？"

李楠接过瓶子后思索片刻，就开始动手量了，贾明也在旁边帮忙。可是，他们量出瓶底有 6.5 厘米的内径后，就停住了。

秦老师再次提示他们："若将水倒进瓶子里，可以算出来不？"

贾明往瓶子里倒进了半瓶子水后，几个人又开始细细端详起来。不一会儿，李楠说："秦老师，由于我们过去学的是计算一些规则形体的容积，如圆锥体或者圆柱体等的容积。但是这个瓶子，下边还好，是圆柱体，可上边既不是圆柱体，也不是圆锥体。尽管我们将它的瓶底直径量出来了，可还是不知道怎么算它的整体容积。"

"您让我们装水进去，可是瓶子的形状还是和原来一样啊？不如您和我们说说，究竟要怎么算吧！"贾明诚恳地说。

看到三个小朋友不知所措的模样，秦老师不禁笑了起来，说："既然你们知道瓶底内径 d 为 6.5 厘米，那么，你根据这个数就能够将瓶底面积计算出来。”

此时，刚好想到这一点的李楠马上接着说：“按照圆的面积公式 $S=\pi r^2=\pi\left(\frac{d}{2}\right)^2=\frac{1}{4}\pi d^2$，所以，这个瓶子底部面积是 $\frac{\pi}{4}$ 乘以 6.5^2，也就是 33 平方厘米左右。”

“噢，我也明白了！”一点就通的书戎兴奋地说，“将底部面积计算出来后，再测量水的高度，从而将水的体积计算出来。”

“这简单，”贾明拿起尺子，边测量水的高度边和我们说，“水高 10 厘米，鉴于它是圆柱体，将底部面积 33 平方厘米乘以 10 厘米，得到的结果是 330 立方厘米，这是它装的水的体积。”

“但是，”书戎又迷惑了，他问，“这个瓶子是不规则的，没装水的部分的容积该怎样算？”

李楠望着瓶子，一直沉默不语。我知道他肯定在琢磨这个问题。接着，他盖上瓶子的瓶盖，将瓶子倒过来，自信十足地说：“这样就能够将没装水的部分变成圆柱体，现在只需要将瓶子没水的部分的容积计算出来，与前面求得的水的体积结果相加，结果就是瓶子的实际容积了。”

“‘数学迷’真棒！”贾明一边说，一边用尺子测量，并说：“没水的部分高度为 8 厘米。”

还没等贾明说完，这边李楠就计算出结果了：“33 乘以 8，等于 264，说明没水的部分容积为 264 立方厘米，加上刚才算的 330 立方厘米，整个瓶子的容积为 594 立方厘米。”

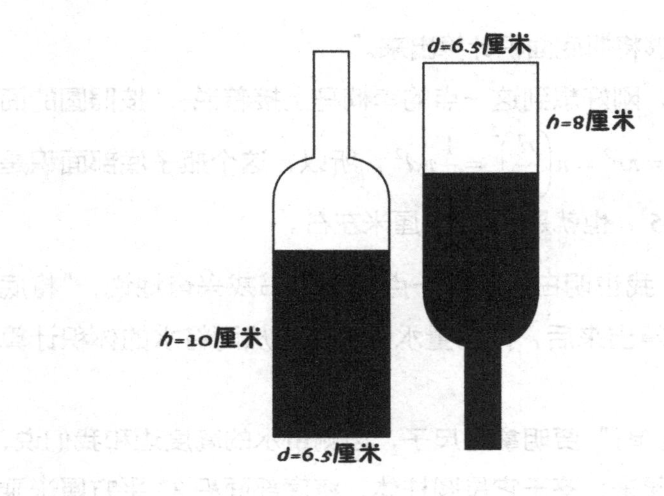

“是的。”秦老师连连点头称赞，“书戎，这下你明白要带多少个瓶子了吗？”

“一升等于1000立方厘米，两升就等于2000立方厘米，一个瓶子能装594立方厘米，那就是要4个瓶子啰！”书戎一算完，就拿起4个瓶子往外走去。

“神机妙算”锁定你最喜欢的日期

过了一会儿，只见书戎一手提着凉菜，一手提着 4 瓶饮料，大汗淋漓地回到了家。秦老师笑着迎上去：“今天功劳最大的就是书戎了。”

我接过饮料倒上，并安排大家落座。没想到，我才喝一口，就看到贾明悄悄用胳膊碰了一下邻座的刘畅，小声问：“中午了哦，你不看《三国演义》了吗？”

刘畅如梦初醒，马上站起来去开电视，当发现此刻正在播放片头曲《滚滚长江东逝水》后，他终于放下了心头大石，说：“还

好，还没到正片播放时间。”

“我每天都要看《三国演义》的，今天一忙，就把它抛到脑后了。”书戎说。

大家一边吃，一边看。秦老师直到播放结束才问：“既然你们都喜欢《三国演义》，那么你们是否知道，三国人物中最老谋深算的是谁？”

“当然是诸葛亮啊！”贾明说，“您看电视里怎么说的，‘诸葛亮机关算尽，料事如神’嘛！”

“为什么诸葛亮会有如此大的本事？”秦老师继续问道。

“因为他天资聪颖，异于常人呗！”贾明与书戎异口同声地说。

“你们都错了，诸葛亮是因为精通数学，才变得如此神机妙算的！”秦老师特地强调了“精通数学”。

还别说，贾明和书戎真的被秦老师的话唬住了。“显然，电视剧是以夸张的手法去描述诸葛亮的。老师说诸葛亮对数学十分精通，那是玩笑话了。事实上，他对数学的了解，恐怕比你们还少呢！”秦老师接着说，“只是，通过数学有时候确实可以‘掐算’出你的心事。例如……”

贾明一听，连忙摇头：“我不相信通过数学可以‘掐算’出我在想什么。”

“不信？那我证明给你看，”秦老师说，“我可以‘掐算’出一个月中哪一天是你最喜欢的。”

秦老师的话瞬间激起贾明的兴趣，他说：“5 月刚结束，您说说 5 月的哪一天是我最喜欢的吧。”

“好的，我先将日期写出来。”秦老师一边说，一边写：

1	3	5	7	9	11	13	15	17	19	21	23	25	27	29	31
2	3	6	7	10	11	14	15	18	19	22	23	26	27	30	31
4	5	6	7	12	13	14	15	20	21	22	23	28	29	30	31
8	9	10	11	12	13	14	15	24	25	26	27	28	29	30	31
16	17	18	19	20	21	22	23	24	25	26	27	28	29	30	31

接着，他对贾明说：“在这 5 行数字里，你告诉我你喜欢的那一天在哪几行里，我就可以‘掐算’出它是 5 月几日了。”

接过秦老师递过来的纸后，贾明迅速瞄了一眼，说：“我喜欢的那一天在第 1 行、第 2 行，以及第 5 行里。”

贾明话还没说完，秦老师就说：“5 月 19 日，你最喜欢的日期，对吗？”

“是的，太准了！”贾明很是意外。5 月 19 日正是他的生日，在生日那天，他会收到妈妈送的新衣服、吃到奶奶烧的菜和爸爸买的蛋糕……

“莫非只是巧合？”书戎满脸疑惑，“我来试试看！”

说实话，我也觉得纳闷，难道是秦老师玩的小把戏？没想到小朋友们连续试了几次，秦老师都猜对了。

一直安静坐着的李楠，按捺不住地说：“秦老师，莫非您熟记了这几行数字以后，对比他们说的行数后得到的结果？”

“不是，我的记性没那么好。而且，就算是临时对比，也无法在这么短的时间内算出来啊。”秦老师解释说。

“那到底是什么原因？”几个小家伙眼睛瞪得大大的，几乎同一时间问。

“你们边吃东西边说话呀。”我说。

秦老师喝了一小口饮料，然后接着说：“怎么样，我是不是比诸葛亮更‘能掐会算’？”

接着，秦老师又向我们解释其中的缘由。

“其实很简单。”秦老师向我们娓娓道来，“你们是否发现，1 ~ 31 这 31 个数能够通过 5 个数 1、2、4、8、16 相加而得。需要注意的是，每个数只可以用一次。我把凡是相加的时候需要用到 1 的数都列在第一行，并把 1 排在第一个位置；凡是需要用 2 的数都列在第二行，并让 2 开头；以此类推，就写成了上面 5 行数字……”

第一个开窍的是李楠，他打断了秦老师的话：“当我们说出我们想的数在哪几行里时，您只需将各行的首个数字加起来，就知道我们想的日期是哪一天了。”

“是的，没错。”秦老师点头说，“虽然这只是小小的数学游戏，里面学问大着呢。它其实说的是‘二进制’，人们就是按照这个原理去研发计算机的。”

平均每次搬多少本书？

不知不觉，我们这顿饭就差不多吃了一小时。吃饱后，我建议大家休息一下，并安排秦老师到我的房间睡觉。几个小朋友却拒绝了我的建议，李楠与贾明想到街上走走，刘畅与书戎看相册看得津津有味。见此状况，我决定去把爱人的自行车修一下，因为它在几天前就“患病”了。

大概 15 分钟过后，门外忽然有人在喊：“有人在家吗？送书了！”哦，看样子是昨天给学校订的书到了。

想着要搬书，我赶紧把手上的工具放下来，书戎一个箭步拦住了我：“叔叔，我

帮您搬，您继续修车。”说着便拿着一个小箱子开门去了。

没多久，书戎又问：“叔叔，有大一点的箱子吗？这个箱子小到一次只能装 10 本书，搬得好慢哦！”

“有个塑料箱子，就放在床底下，好像大一点，你去看看。”我继续干着手上的活，并回答他。

书戎将塑料箱子找出来后，发现一次能够装 30 本书，用这个箱子三下五除二就搬完了。放下箱子后，书戎准备去洗手，我随口问他：“你一共搬了几趟书？”

他想了一下，说：“我忘记了。不过我每次搬 20 本，您看看您买了几本书，用它除以 20，得到的结果就是我搬的次数了。”

“你如何确定你每次搬的书都是 20 本呢？”我反问他，“起初，你每次不是只搬 10 本而已吗？”

“对啊，”书戎自信满满地说，“我记着呢，我是用纸箱子搬完一半书的时候换用塑料箱子的。开始的时候，我每趟搬 10 本，后来我换塑料箱子了，每趟搬 30 本，平均下来不就是每趟搬 20 本了吗？”

“我认为平均每趟搬的书少于 20 本。”不知道什么时候，秦老师听到我们的对话，也主动加入谈话行列。

见秦老师也不相信自己后，书戎赶紧上前解释：“我没算错呀，秦老师。10 本书加 30 本书就是 40 本书，40 除以 2，结果不就是 20 本书吗？小学生都能答对啊。刚开始，我每趟搬 10 本，后来每趟搬 30 本，两两平均，平均数就是 20 呀。”

此时，贾明和李楠也从街上回来了，并且每人都拿了一个柚子。书戎像见到了“救兵”似的，将事情的来龙去脉告诉他们，希望得到他们的支持。可是，李楠却酷酷地说：“不如我们先仔细算一下，看你平均每趟搬几本书吧。”

书戎很不以为然地说：“这不是明摆的吗？每趟20本啊！”

“当然，你这个‘数学迷’最擅长将简单的事情复杂化。”贾明好像带着点儿气给书戎帮腔了。

“随便你们怎么说，我只知道书戎的算法错了，我认为这样算才是正确的。”李楠一边说，一边在书戎面前算了起来，“设你搬后一半书的时候，搬了 x 趟，说明你前边肯定搬了 $3x$ 趟，因为你后面每次搬 30 本，前面每次搬 10 本，后面搬的本数是前面的 3 倍。这说明，前面搬书的本数是 10 乘以 $3x$，即 $30x$ 本。全部搬完就是 $60x$ 本。在搬的趟数方面，x 加上 $3x$ 就是 $4x$，因此，$60x$ 除以 $4x$ 就是 15，说明你平均每趟搬 15 本书。”

“看到了吧？我一开始就说少于 20 本了。”秦老师笑着对书戎说。

“但是，我的算法错在哪里呢？”书戎很无奈地问。

“李楠，你来回答这个问题。”秦老师将这个问题交给了李楠。

李楠慢条斯理地说：“错就错在，书戎前后搬书的趟数不同。因此，我们计算平均每趟搬几本书时，单单将两趟搬的本数加起来再除以 2 的方法是不对的。”

到底买哪个柚子更合算？

我发现，在刚才的谈话中，贾明一直拉着脸，好像有气无处发的样子。我正想问他为什么，没想到他自己倒先说了："秦老师，麻烦您替我们评评理！"

贾明没头没脑的话，让我和秦老师都找不到头绪，只得问他："怎么了？"此时，李楠站在边上忍不住就笑了起来。

贾明一边指着柚子（此时已放在地上），一边问："你们觉得这两个柚子哪个更划算一些？"听他这么一说，我才发现这两个柚子并非一样大。

我给贾明倒了一杯水，说："先喝点儿水，不急，给我们说详细点。"

贾明轻轻抿了一口水，接着将两个柚子从地上搬到桌上，看了李楠一眼，气呼呼地说："我和李楠逛街的时候，遇到一个小贩在卖柚子，觉得不错，打算买一个回来。意外的是，这个柚子是论大小个儿来卖的，不是用秤称的。"

接着，李楠指着那个稍大点儿的柚子不紧不慢地说："卖柚子的人说，大的 15 元，小的 10 元。我认为买大的划算，可贾明偏偏不信，说买大的亏了，并且还用尺子左右量了一下。"

贾明仍然坚持自己的观点："对啊！大柚子的直径只不过比小柚子大$\frac{1}{4}$，可是它的价格竟然是小柚子的 1.5 倍，说明与其买一个大柚子，还不如加点钱，买两个小柚子。这一看就是买小柚子实惠啊，李楠却一个劲儿地坚持要买大柚子，气得我买回来一大一小两个柚子，让大家评评理！"

贾明刚说完，秦老师便对他说："你这家伙，还让我们评理！你又输啦。"

"啊，为什么？大的真的比小的划算吗？"贾明不敢相信，"这怎么可能？"

"当然有可能！"秦老师细细道来，"你试想一下，在这两个柚子里，大的直径 d 是小的 1.25 倍，那么大的半径 r 也是小的 1.25 倍，又根据球体的体积计算公式，$V=\frac{4}{3}\pi r^3$，所以大柚子的体积是小柚子的 1.25^3 倍，约为 1.95 倍，将近两倍了。但是，大的价格却只是小的 1.5 倍，说明买大的更划算一点，不是吗？

经秦老师这样一说，贾明很尴尬。他摸摸后脑勺，诚恳地向李楠道歉：“对不起，如果当时我详细分析，我肯定就会相信你的话了。”

“没事，我就是故意气气你的，”笑逐颜开的李楠一边扶了扶鼻子上的眼镜，一边说，“否则我们也没有两个柚子吃了！”

“可能是卖柚子的对数学不精通。”秦老师打趣地说，“如果李楠去卖柚子，肯定不会做这种亏本买卖！”

“管他划算不划算，反正都买了，吃了再说！”我一边吩咐刘畅去拿水果刀，一边说，“你们都是我家的客人，这柚子钱我来付。”

上班的地方离家有多远？

吃了点柚子后，我继续修理自行车。这时，贾明边吃柚子，边往我身边靠近："叔叔，您每天上班都是骑自行车吗？"

"对的，骑车上班方便，又能够锻炼身体。"

"离家远吗？"

好吧，他这么一问，我就出道题考考他："我也没有具体算过我家和上班的地方有多远，不过，我骑车的时候，大概算了

一下，骑 600 圈就到上班的地方了。”

秦老师听到我出的题后，马上打断了我的话，他问贾明：“你知道路程怎么计算吗？”

“嘿，如此简单的题，我当然会了！”贾明一脸得意的样子。

“那你算出来给我看看。”秦老师刚说完，又提醒贾明，“这道题没你想的那么简单哦！”

于时，贾明一边算，一边自说自话：“这是辆‘二八车’，说明它轮子的直径是 2 尺 8 寸，这样看来，它的周长就是……”

我和秦老师听到这，不由得笑了起来，并打断贾明的话：“嘿，贾明，不是 2 尺 8 寸，是 28 英寸。”

“2 尺 8 寸等于 28 英寸呀，难道不是吗？”

“你看你，太粗心了。这并非市制，而是英制！”李楠快言快语地说，“英制长度单位的换算是：12 英寸等于 1 英尺，3.28 英尺约等于 1 米，1 英寸约等于 0.0254 米。”

“你得先弄清楚市制与英制的换算关系，免得一步错，步步错。”秦老师好心提醒，“下面别再犯这种低级错误了。”

“只要掌握单位换算，下面就肯定能做对的。”贾明胸有成竹地说。

“按照公式，π 乘以直径就是周长，车轮的周长是 28π，即 88 英寸左右，约为 2.24 米。如果转一圈是 2.24 米，那么 600 圈乘以 2.24 米就是 1344 米。看来，叔叔上班的地方很近哦，3 里（1 里 = 0.5 千米）都不到！”

“不错啊，贾明，你这么一算，我必须感谢你了。”我一本正经地说。

“为什么？”贾明听得一头雾水。

“你看啊，你这么一算，起码缩短了一半的路程，”我打趣地说，“我早想调动工作，离家更近一些，这不，你一算，就满足了我的心愿！能不感谢你吗？”

大家都被我的话逗乐了。贾明红着脸默默地分析刚才的算式。

“你们笑什么？我不是算对了吗？”贾明一边指着计算纸，一边不满地嘟囔着。

“你不是说你也常常骑自行车吗？”书戎将贾明往自行车旁边拉去，“你仔细观察一下，脚蹬子转一圈，就等于车轮也转一圈了？”

贾明如醍醐灌顶般反应过来了：“是哦，我做错了！”他马上蹲下来，对着轮盘与飞轮，仔细数了两次，说：“轮盘 48 齿，飞轮 20 齿，意味着，我们转一圈脚蹬子，飞轮带动车轮转的圈数是 48 除以 20，即 2.4 圈。这么说来，88 英寸和 2.4 相乘，等于 211.2 英寸，约 5.36 米。脚蹬子转了 600 圈，用这个圈数乘以 5.36 米，得到的结果是 3216 米，那叔叔家离上班的地方是 3216 米。”

“是的，这才是正确答案，”我开玩笑地说，“你看，‘调令’被撤销了，叔叔我每天上班仍然要骑 6 里多的路呢。”

“感觉怎么样？还敢说这道题简单吗？”秦老师耐心地说，“贾明，其实你的思维逻辑是对的，只是你太粗心大意了。要记得，粗心是计算数学题的大忌！”

小孩怎么比大人更怕冷？

“啊！终于开放游泳池了，我们可以去游泳了。”刘畅听到一个小朋友邀约他的伙伴去游泳。

“我才不去，太冷了！”刘畅自说自话。

“对啊，现在游泳真够凉的，”书戎接着说，“在水里游泳觉得挺好玩的，一上岸，我的天，准会冷得你浑身直打哆嗦，全是鸡皮疙瘩！”

“不知道你们是否留意过，在一样的环境里，小孩比大人更怕冷呢。”

“在这方面，我感同身受。”贾明说，“不单单是游泳，小孩在其他方面也比大人

更怕冷。过去冬天一到，我和爸爸外出时，我的妈妈说小孩怕冷，常常嘱咐我要多穿点儿衣裳。起初我也不信，觉得妈妈是因为爱我，才说这些话。后来经过多次观察和试验后，我才知道妈妈说的没错。举个例子，有一年冬天爷爷来了，我和爸爸一同去车站接人，结果 30 多分钟过去了，都没有等到爷爷出来，爸爸一点儿不觉得冷，而我却被冻僵了，我问爸爸为什么，他又说不出来。现象是这样，可是其中的缘由，我一点儿也不了解！”

此时，李楠也压低嗓子说：“我也不明白为什么小孩更怕冷。”

“可能是老天爷故意捉弄小孩子吧，太不公平了！”我打趣地说，“事实上，你们说的这个纯粹是热学问题。在条件相等的环境下，每一单位体积分配到的表面积比较大的物体，冷却得就比较快。”

“我认为这个问题也涉及数学知识，”听到几个小朋友的讨论后，秦老师终于发表意见了，“在分析两个物体更容易冷却的是哪一个时，不是需要对它们的表面积与体积进行计算吗？既然是计算，肯定要用到数学。”

“但是，如何计算人的表面积与体积呢？”贾明很疑惑。

“在解释小孩为什么更怕冷时，常常是粗略计算的，不必对人的表面积与体积进行精确计算，我们只需要对比两个长方体的表面积与体积就可以找到问题的根源所在了。”接着，秦老师又说，“我们在计算的过程中，还能够假设大长方体的长度、高度和宽度分别是小长方体的两倍。”

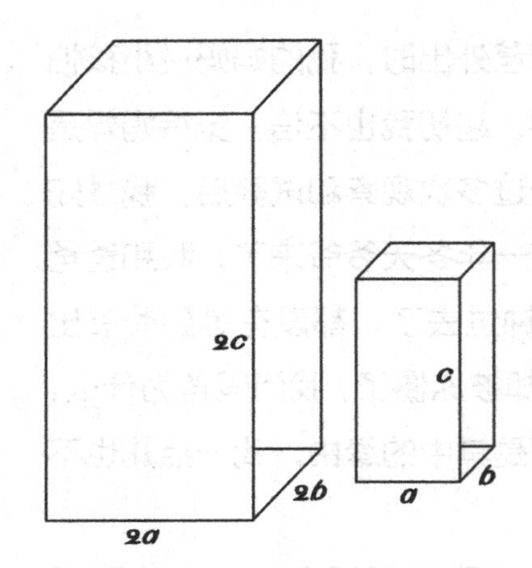

秦老师的话让李楠茅塞顿开，他马上接着说："这很容易，我们用 a、b、c 代表小长方体的长度、宽度和高度，则 abc 就是它的体积，ab 加 ac 加 bc，再乘以 2，就是它的表面积。"

"这么说，$2a$、$2b$、$2c$ 分别就是大长方体的长度、宽度和高度了。"书戎接着李楠的话说，"这样计算的话，它的体积是 $8abc$，而 $4ab$、$4ac$、$4bc$ 这三个数相加后，乘以 2，就是它的表面积。"

"哦，我明白了！"通过李楠和书戎的一番分析与计算，贾明马上醒悟过来，说，"如果大物体的体积高达小物体的 8 倍，可它的表面积仅仅是小物体的 4 倍，说明小物体单位体积分配到的表面积当然就要比大物体多。也就是说，小物体比大物体冷却得要快一些。"

"是的，就是这个道理！"秦老师说，"大人与小孩每一立方厘米体积散发出来的热量几乎一致，然而在冷却面积分配上，小孩却多过大人。所以在条件相等的情况下，小孩散发的热量更大，表面更容易冷却！"

"我终于明白为什么小孩更怕冷了！"贾明一下子又变得活跃起来，"难怪一到冬天，我们的耳朵与手指头更怕冷。"

如何用一杆秤“称”出面积？

在我们谈话期间，李楠老是看座钟，于是我问他：“李楠，你怎么老是看座钟，莫非是想回家了？”

“没有，叔叔，您误会了，”李楠连忙否认，“我看时间不早了，但是我的问题还没有问完。”

“究竟是什么问题，能够难倒‘数学迷’呢？”秦老师向着李楠轻轻一笑，“不如你现在就说出来。”

“好吧，是这样的，”李楠迫不及待地

说，“我爸爸是一名地质工程师，昨晚他仿佛有意试探我，对着地图上的一个地方说：‘这是我们地质队即将要勘探的区域，小楠，你能否将这个区域的实际面积计算出来？’我顺着爸爸指的区域看过去，边界线七拐八弯的，不知道怎么计算。所以，我就想到了拖延法，答应今晚给他一个答案。我现在只能向您请教，希望您能帮我解决这个问题。”

“哈哈，原来你是来搬救兵的！”秦老师打趣地说，“不过，你们现在学到的知识，的确解不了这样的问题。”

“是吗？那我该如何是好？”李楠听了秦老师的话，甚是失望，“我还向我爸爸立下了‘军令状’，说无论如何今晚都会给他一个答案！”

“你别急，”秦老师语重心长地说，“你只需要一杆秤，就可以称出它的面积了。”

“什么，用秤称？”他们听到秦老师的话，眼睛瞪得很大，满脸惊讶地看着笑意盈盈的秦老师，问：“您是逗我们玩吗，怎么可能呢？”

“我没有逗你们玩哦，这个问题的确能够用秤来解决，”秦老师非常诚恳地说，“这样，你先在地图上盖上一张薄薄的纸，用铅笔沿着边界线描出你要计算的地区，然后将这张纸放在相对厚一些的硬纸板上，根据边界线将这个图形剪下来，通过秤将它的质量称出来。需要注意的是，必须要用十分精密的秤，最好是天平。”

“嘿，正好，”李楠一听到天平，马上打断了秦老师的话，说，“我家刚好有一台天平！”

接着，秦老师又说：“由于硬纸板有着相对均匀的质地，单位面积的纸板有着相同的质量，因此……”

“我知道怎么算了！”反应敏捷的李楠迅速打断了秦老师的话，“只需将单位面积的小纸板剪下，如一平方厘米，用天平将它的质量称出来后，以纸板的整体质量除以单位纸板的质量，得出的商就是该图形的面积。”

听到这，贾明忍不住提醒李楠：“但是，你爸爸要求你将这个区域的实际面积计算出来呀。”

“急什么啊，我马上就说到了。”李楠接着说，“我们算出地图的面积以后，只要查出地图的比例尺，再根据‘相似图形面积的比等于它们相似比的平方’，就可以算出这个图形所表示的区域的实际面积了。”

“天哪，简直是太奇妙了，面积也可以用秤称出来！”这真是让书戎大开眼界了。

“这下请对救兵了吧？”我和李楠开玩笑地说，“这回你就不用担心没法向你爸爸交卷啰！”

大家听了我的话，一阵哄笑。

制订复习计划也离不开数学

“要不，今天先说到这里吧，时间不早了。”秦老师笑着说，“还有，距离期末考试不到一个月了吧，为了让你们可以专心复习，我建议等你们考完试以后，我们再接着往下谈，如何？”

“老师，不会影响我们期末复习的，时间都安排好了。”李楠如此说道，“我们每天一放学，就去书戎家一起复习，接着再回家。语文是我的短板，我只要将更多时间和精力放在语文上即可。”

书戎说：“李楠的数学成绩比我好，我

要将更多时间放在数学复习上。”

我看贾明一直不发言，就问：“对了，贾明，你的计划是什么？”

“我成绩都不如他们，”贾明略显羞怯，“我打算和他们一起复习，而且每天早上 6 点到 6 点 30 分分别复习各门功课。为了保障复习效果，我还设计了一个完整的复习计划。”

“不错哦，这想法好！”书戎打断贾明的话说，“要不，说说你的复习计划，好让我们学习学习。”

“行吧。”贾明稍微停顿了一下，“可能到时候我还要寻求你们的帮助呢。”接着，他说：“我计划每隔 2 天复习一次数学，每隔 3 天复习一次语文，每隔 4 天复习一次物理，每……”

贾明话还没说完，就被不耐烦的李楠打断了：“我敢肯定，你绝对实现不了这个计划！”

“为啥？”贾明语气都变得低沉了起来：“你别小看我！我可是下了很大的决心，势必要复习好各门功课，考个好成绩出来的！”

发现贾明气得脸色都变青了，秦老师连忙劝慰他说：“你有这个决心，是件好事。不过，你的计划的确很难落实。”

“你别急，贾明，我不是看不起你，”李楠放慢语气，温柔地说，“你想，2、3、4 的最小公倍数是 12。照你的计划，到了第 12 天，你需要在 30 分钟里同时复习数学、语文以及物理，你怎么可能做得到？而且，还有几个‘每隔’你没有提到。”

“事实上，第 6 天上午，贾明你会发现语文和数学的复习时间重合了；第 8 天，物理与数学的复习时间重合了，”接着，秦老师又说，“李楠分析得很详细。他仅凭最基本的算术知识，就发现贾明复习计划的缺陷。”

“行，我明白了。”贾明不得不认错，“没想到，数学还能用到复习计划的制订上，看来我要回去重新编制复习计划了。”

“太好了，希望你们期末都可以考个好成绩！”我说，“那么，就照秦老师说的，期末考试过后我们再进行下一次谈话吧。”

“期末考试结束后，你们到我家来，我们说说身边的代数，怎么样？”秦老师对我说，“麻烦你带他们来我家吧。”

“太好了，到时候见。”我说，“时间不早了，各自回家吃晚饭吧。”

X代表门牌号多少？

贾明看秦老师站起来，准备回家，便问：“老师，请问您住哪儿？”

“新城区学问胡同。”

“哦，那您家门牌号是多少？”

贾明这样一问，倒让秦老师想到一个很有趣的题目，并计划测试他一下。因此，秦老师决定坐下来，对贾明说：“我家门牌是X号。”

贾明忍不住小声咕哝：“那到底是多少号？”

书戎马上说出自己的想法："可能是 10 号。"

"你如何想到的？"这家伙太让我吃惊了。

"在罗马数字里，'X'表示10 啊！"书戎得意扬扬地说。

"你这纯粹是胡乱猜的！"书戎的猜测被秦老师迅速否定了，秦老师还说，"我的 X 是用来表示一个未知数的，是需要你们算出来的。"

"有条件才可以算出来啊。"李楠说。

"好，我将条件告诉你们，"秦老师说，"学问胡同不长，不超过 20 户。不算我家门牌号的话，将其他所有门牌号相加，再减去我家门牌号，结果是 100。"

"这门牌号是连号的吗？"细心的李楠追问了一句。

"对，从 1 号开始，当中不跳号，不重复。"最后，秦老师提问贾明，"你理解题目没有？"

"理解了，"贾明回答说，"但这个 X 应该怎么算，我不懂。"

眼看天色不早了，他们还是毫无头绪，我只好对秦老师说："看他们一个个一筹莫展的样子，就知道你这次出的题有难度。不如你来解释一下，让他们早点回去吧。"

"行，我卖你面子，给他们说说。"秦老师非常爽快，"根据已知条件，所有胡同门牌号相加，减去 $2X$ 后，得到 100，说明它们的和肯定是个偶数，而且超过 100。"

"不知道总和，自然无法求出 X 来啊！"贾明尤其心急。

"所以我们要思考啊。"秦老师说，"假设全胡同有 13 户人家，则 $1+2+3+4+\cdots+13 = 91$，91 就是所有门牌号的和；14 户门牌号加起来是 105；15 户门牌号加起来是 120……"

“我明白了！”李楠打断秦老师的话，“所有胡同的门牌号加起来是一个超过 100 的偶数，因此，胡同居住的人家至少要超过 14 户。假设有 16 户，所有门牌号加起来是 136，多出的 36 除以 2 就是老师门牌号，即 18 号。这又超过了假设的 16 户人家，不对。假设住户在 16 户及以上，肯定会造成 X 比最后一户门牌数大的情况，那么，整个胡同的人家只有 15 户。”

“接下来让我算，”贾明激情高昂，“15 户门牌号加起来是 120，减去 100 是 20，20 除以 2 等于 10，X 是 10，秦老师家门牌号就是 10 号啦！”

“还别说，我蒙对了，真是 10 号呢！”自鸣得意的书戎为自己蒙对而开心。

“这次不是蒙对，而是算对了！”秦老师一边走向门外一边说，“记下老师的住址，欢迎你们下次来玩哦，再见！”

在晚霞中望着秦老师渐行渐远的身影，几个小朋友心里满是敬佩：“真喜欢秦老师谈身边的数学，不但生动有趣，还具有很强的实用性，太棒了！”

第 2 章 代数传奇

时间飞快，一眨眼就过去了一个多月。三个小朋友在 7 月 7 日那天，一大早就到我家来了。贾明一进门，开口就说：“叔叔，您带我们去秦老师家吧，期末考试结束了，我们想再听听身边的数学。”

“嘿，看不出来，个个都热情高涨哟！”我招呼他们坐下后说，“经过一段时间的忙碌，你们终于考完了，今天还不得玩个痛快？”

“还好，不是特别忙。”李楠回应说，“经过上次与秦老师的谈话，我们获益良多。我们不是和秦老师说好了，考试结束后接着谈身边的代数吗？”

书戎也开始撒娇了：“叔叔，您给我们带路吧，去秦老师家看看。”

“那好吧，等会儿给你们带路。”我应允了他们的请求。

猜猜我们考了第几名？

看着三个小伙伴，我忽然想知道他们考得如何，就问：“跟着秦老师学了一段时间，你们这次考试成绩怎么样？”

贾明一脸自豪地说：“尽管我的成绩不如他们，可是我特别满意。我们三人的成绩总分排名都在班内前 10。”

“叔叔，您觉得贾明排名第几呢？”

“哟，你们以为叔叔是诸葛亮，未卜先知？”我笑着对他说，“其实，不要说贾明的名次，就是你和李楠的名次，我都能‘掐算’出来。”

“莫非您真的是诸葛亮？”贾明不解地问。

“是的。”我回应贾明的话，“只要你把你的名次乘以 2，加上 5，所得的数再乘以 5，加上 10，再加上书戎的名次，然后把得数乘以 10，再加上李楠的名次，最后把这个和数告诉我，我就知道你们的名次了。”

“您确定？”贾明边算边问。大概一分钟左右，他计算出结果：“叔叔，我们求出的和是 1101。”

“那我知道你们的名次了，”我略微放慢了一下语速，“全班第 1 是李楠，第 5 是书戎，第 7 是贾明。”

“您是如何知道的？”贾明睁大眼睛，不解地问。他再怎么思考我刚才说的话，也不明白我的计算方法是什么。

“叔叔，我知道您计算的方法了。”李楠不紧不慢地说，“刚刚您告诉贾明要求的时候，我在手上记录了您的计算要求，并分析了一下，其实道理很简单。通过这种方法能够将更多的数精确地计算出来，是吗？”

我冲李楠点点头，贾明见状，就拉过李楠的手一看，上面赫然写着：

[（2 明 +5）×5 + 10 + 戎]×10 + 楠 = 100 明 +10 戎 + 楠 + 350

“哦，我明白了！”贾明恍然大悟，高兴地说，“用我说的最后和数与 350 相减，得到的结果的各位数依次是李楠、书戎和我在班上的考试名次。”

李楠继续补充说：“如果要猜 4 个数，那么我们在计算时，需要在上面的公式上再增加一个层次，将得数与 3500 相减，

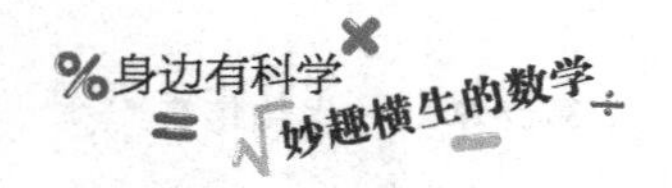

根据结果就能算出最终答案。根据这种方法，能够将更多的数计算出来。”

“这么说来，你们是小小诸葛亮了！”我逗他们说，“现在，马上集合‘部队’，奔向学问胡同 10 号。”

送苹果的叔叔出的难题

就这样，我们 4 个人开始骑车前往学问胡同。因为要经过闹市中心，车水马龙、人来人往，所以我一路上不停地嘱咐这几个小家伙："注意交通安全、避免车速过快。"可能是求知欲望太强，他们几个飞快地骑向学问胡同。

学问胡同到了，我对书戎说："由于事先没有和秦老师沟通，若他外出了，我们今天就白来了。"

“肯定在家，”书戎自信满满地说，“秦老师不是让我们一考完试就来找他吗，事先说好的。”

“希望如此吧。”我的话音刚落，一抬头就发现秦老师在前面搬苹果，大汗淋漓，腰上还系着围裙。

“没想到，兄弟你也有今天哪！”我不由得调侃他，“看你弄得多狼狈！”

“瞧你这幸灾乐祸的样子，咱俩可都差不多。”秦老师连忙将苹果筐放到地上，笑着说。

此时，贾明与书戎一个箭步上去，将苹果筐抢过来：“老师，让我们搬吧。”

“不，你们先到屋里休息一下，我自己来就行。”秦老师执意要自己搬，边走边说：“对了，送苹果的师傅刚刚向我提了一个不太简单的代数题，不如你们先算一下？”

“什么？您还能让送苹果的叔叔出的问题给难倒？”书戎有点儿怀疑人生的感觉。

“对啊，没想到送苹果的师傅对数学知识还是挺了解的呢！”秦老师也大呼意外地说，“我的爱人昨天从一家农场订了一批苹果，计划送给福利院的孩子。但是，她上午出去买菜了，忘记将订苹果的数量告诉我。就在刚才送苹果的师傅来了，我便问他：‘苹果送齐没有呢？’结果，送苹果的师傅卖关子，逗我说：‘没送完。我在昨天送了 33 个苹果给您，今天又送了苹果总数的$\frac{1}{5}$，还差总数的$\frac{x}{7}$没送来，x是整数哦。’”

“这么一说，还挺好玩的。”书戎说，“您问他订苹果的总数，他非但不说，还和您卖关子。不过，谁知道这 x 究竟是多少呢？”

贾明也跟着摇摇脑袋，说：“看来这道题，真不简单哦！算不了。”

“为什么？”李楠并不认同贾明的观点，说：“我觉得我能算出来，不如我们先列个方程出来。”

“就是，列个方程出来，才知道能算不能算。”我在旁边为他们打气。

“那好。”李楠一边说一边写，“假设 y 是苹果总数，根据题目意思，则是——”只见他写在纸上的是：

$$y=33+\frac{y}{5}+\frac{xy}{7}$$

$$\frac{4}{5}y-\frac{xy}{7}=33$$

$$y=\frac{33\times5\times7}{28-5x}$$

“一个方程里存在两个未知数，如何求解？”贾明百思不得其解，就问李楠。

“方程列得没错，”秦老师评价说，“关键是是否可以用别的条件。”

李楠认真思考了片刻，又说：“苹果总数用 y 来表示，苹果不会有半个的，因此 y 应该是整数。”

书戎好像也想到这方面去了，他紧接着说：“根据‘数学迷’列出的方程不难发现，分子必须被分母整除。”

这时候，如同发现“新大陆”的贾明说：“对了，分子的质因数有 4 个，它们分别是 3、5、7、11。既然送苹果的叔叔说 x 是整数，分母当然也是整数，而分子是能够被分母整除的，因此，除非分母是 1，否则就必定在这 4 个数当中，或是它们的乘积。”

通过对 y 的性质的分析，书戎很确定地说：“既然 y 是苹果总数，那么它肯定是正数，因此，分母也是正数。”然后，他与贾明相互交流了一下意见后，胸有成竹地说：“如果分母为正，则分母必定在 28 以内，并且是以下 7 个数中的一个，即 1、3、5、7、11、3×5、3×7。这说明 28 和 $5x$ 的差肯定在 1、3、5、7、11、15、21 这 7 个数当中。28 分别减去上述 7 个数后得到的结果是 7、13、17、21、23、25、27，也就是 $5x$ 只能是这 7 个数中的一个。既然 x 是整数，那么只能取 $5x$ 等于 25，也就是 x 只能取 5。”只见他写在纸上的算式是：

$$y=\frac{33\times5\times7}{28-5\times5}=385$$

然后，书戎又说：“秦老师订的苹果总数是 385 个。$\left(33+\frac{385}{5}\right)$个 = 110 个，这是目前送来的总数。385 − 110 = 275，还没有送来的苹果有 275 个。”

书戎与贾明分析完毕后，一直沉默不语的李楠终于发表个人看法了：“你们俩做对了，并且是从具体因数入手的，思路非常清晰。但是，我认为，对这个问题的分析应更抽象一些。我们已经知道 y 的表达式分子是 3 个奇数的乘积，也一定是奇数；分子要求能被分母整除，所以分母也必定是奇数；因为 y 是正数，所以分母必须是正数。要求分母 $28-5x$ 是正的奇数，$5x$ 必须小于 28 而且是奇数，这样 x 只能取 1、3、5，但是取 1、3 的时候分式都不能整除，只有取 5 才能整除，最后同样可以得出书戎所得的那个结果。”

看到几个小家伙都成功求解出正确结果，秦老师甚是欣慰。他连连夸奖：“不错，你们在代数方面掌握得很好。书戎与贾明以具体数字为出发点，李楠则比较抽象地从奇偶数关系考虑。数学本身就需要比较抽象的思维，所以，我们应学会运用抽象思维。”秦老师稍微停顿了一下，又接着说：“但是，得用事实去证明，你们是否算对了。”

秦老师的话刚说完，书戎就开始对自己的计算过程进行检查。此时，摩托车的声音从院外传了进来，其中还掺和着送苹果师傅的声音：“到货啦，秦老师，您的 275 个苹果到了。”

“先别高兴太早，赶紧替秦老师搬苹果去。”几个小朋友在我话还没说完的时候，就动起手来了。果然是“人多力量大”，他们没多大会儿就搬完了苹果。

放多少洗衣粉合适？

秦老师在我们洗完手后，说："我先去泡几件要洗的衣服，你们休息一下吧。"

"哟，看不出来，老兄真的是一个'家庭主夫'哦！"我忍不住又调侃起他来。

"唉，没得选哦！"秦老师一边将洗衣粉和汤匙从柜子里拿出来一边说，"贾明，你知道衣服怎么洗吗？"

"洗衣服又不是什么难事，当然会了！"贾明无比自豪地说，"我都是自己洗

自己衣服的。”

“好的，待会我来检查一下，看你真的会洗不。”秦老师一边说，一边往里屋去了，估计是去拿要洗的衣服吧。

“你看，秦老师要考你了。”书戎对贾明说，提醒他做好“应战”的准备。

“谁怕谁呢？来吧！”贾明将几汤匙洗衣粉放入洗衣机后，接着打开水龙头，准备放水。

此时，刚从里屋走出来的秦老师，手上抱着几件衣服与一张薄薄的床单，当他看到贾明准备往洗衣机里放衣服时，匆匆瞄了一眼洗衣机，便将贾明拦住了："暂停一下，你先告诉我，你放了多少汤匙的洗衣粉进去？"

“整整 4 汤匙。”

“天哪，多过头了。1 汤匙的洗衣粉是 0.2 两（1 两 = 50 克），你放了 4 汤匙，就等于放了 0.8 两洗衣粉，但你放的水只有 8 斤（1 斤 = 500 克）而已。”

“这有什么，洗衣粉多了，浓度大，更能洗干净衣服啊！”贾明说得振振有词。

“你看，贾明刚刚自信满满的呢，结果却搞砸了！”我故意逗他。

“为什么？贾明哪里做错了？”李楠也是摸不着头脑。

“原来，不会洗衣服的不只是贾明一个，”秦老师笑着说，“在洗衣服的时候，许多人都觉得洗衣粉放得越多，衣服洗得越干净。事实并非如此：洗衣粉放少了，浓度不够，难以去污渍；然而浓度超标，未必就会产生过强的去污能力哦。如此一来，既浪费洗衣粉，又不容易漂洗干净！”

“那，最理想的洗衣粉溶液浓度是多少？”贾明轻声细气地问。

“正常来说，最理想的浓度是 0.2% ~ 0.5%。”秦老师说，“这个比例的浓度，洗衣粉溶液的表面活性最大，去污效果最好。”

书戎马上打断了秦老师的话：“降低浓度很简单啊，多兑点水进去就可以啦！”他在打开水龙头之际，又问，“老师，那到底要放多少水？”

“这取决于衣服的量噢！”秦老师说，“如果只是洗眼前这几件衣服的话，需要的洗衣粉溶液约30斤。那么，你们算一下，若洗衣粉溶液浓度是 0.4%，洗衣粉和水各需要加多少才对？”

“眼下，洗衣粉溶液里有洗衣粉 0.8 两，水 8 斤，浓度为 1% 左右，”李楠思考了片刻，说，“假设需要加的水为 x, 需要加的洗衣粉为 y。它的计算方程式应当是——”只见他飞快地在纸上写：

$$\begin{cases} x + y + 8.08 = 30 \\ 0.08 + y = 30 \times 0.4\% \end{cases}$$

接着，李楠计算出 x 为 21.88，y 为 0.04，说：“这就是说，洗衣粉加 2 汤匙，水加 22 斤，就满足老师提出的要求了。”

李楠的计算得到了秦老师的表扬，贾明看在眼里，忍不住问：“秦老师，您说得真对。不过，我们在洗衣服的时候，如何称水的质量呢？”

听到贾明的提问，秦老师笑了："实际上并不需要用秤去称。我们平常使用的容器，一般都有一个标准的容量，只要估计一下就行了。你看，洗衣机上的这个刻度代表的是 8 斤水，如果放满的话，是 40 斤左右。"

“我为什么会喝醉？”

我在听他们谈论洗衣粉溶液时，忽然想到酒的浓度。

秦老师听我提及酒的浓度，用不可思议的眼神看着我，问：“老兄，我见你平时好像和烟酒不沾边哦，怎么想到酒了呢？”

“咳，说起来真丢人，我平时是不喝白酒的，但是，一周前却闹出了一个大笑话。”我开始回顾那次经历，“上周末，应一个朋友的邀请，我到他家去坐坐，结果他非得让我小饮几口。我和他说，我偶尔会喝点

啤酒，白酒不敢碰。然后，他问我啤酒可以喝多少，我说 1 升左右。他说：‘黄啤酒的度数是 12 度，既然你可以喝 1 升，意味着你的白酒量是 4.3 两。那么，今天我们就少喝点，就来 2 两好了，如何？’我实在推托不了，加上我觉得他算得挺准的，我就敞开肚子陪他喝起来了。结果才 2 两白酒，我就晕头转向了。迫于无奈，我在他家休息了好一会儿，傍晚才回家。我这些天都在想，既然我可以喝下 1 升啤酒，为什么喝 2 两白酒就酩酊大醉了呢？”

我话音刚落，只见秦老师笑得东倒西歪，说：“没想到老兄你那么精明，也会上当！”

“不，没有！”我分辩说，“我看得清清楚楚，那白酒是正宗的二锅头，度数是 56 度。”

“咳，我的意思是，你被啤酒度数骗了！”秦老师说，“要知道，一般啤酒的酒精含量不是根据度数来计算的。”

不仅是我，连三个小家伙也觉得秦老师说的话很奇怪。贾明问：“我记得我爸爸说过，白酒的酒精含量就是它的度数，为什么啤酒不是？”

“在这个问题上，犯错的不只是你们。大部分人都觉得，啤酒的酒精含量就是它的度数。”秦老师说。

李楠又问了：“那啤酒的度数代表什么？”

秦老师说：“就拿二锅头等白酒来说，它的主要成分是酒精和蒸馏水，它的度数是以酒精含量为主的。一般来说，我们可以简单地认为 56 度的白酒，酒精含量是 56%，可以简单认为 1 斤白酒里含有的酒精是 5.6 两。但是，啤酒是通过大麦芽发酵后，再经过加工制成的，它的成分里有水、酒精和糖，因此它的度数不单单包括酒精，还包括了糖的成分。例如黄啤酒，尽管它标出来的度数是12度，但实际上它的酒精含量是3.5%。"

"啤酒的酒精原来这么少！"贾明不无感慨地说。

"对啊，"秦老师面向我，"啤酒的酒精含量不过3.5%，你却按照12%去计算，不醉才怪呢。不过，兴许是你朋友逗你玩的吧！"

我听完秦老师的一席话，终于知道自己喝2两白酒就倒下的真正原因了：1升啤酒的酒精含量远远没有2两白酒多。我对书戎他们说："你们算一下，看叔叔的白酒量到底是多少，防止日后受骗。"

"这简单，我来算！"书戎自告奋勇，说："假设1升啤酒和x两白酒含有同样多的酒精量，1升啤酒约等于20两，因此，它的计算方程式是——"书戎飞快地在纸上写着：

$$20 \times 3.5\% = x \times 56\%$$

并迅速算出x为1.25。接着，他对我说："您看，叔叔，您的白酒量不过1两出头，您竟然喝下2两，不醉才怪呢！"

"好啊，我以后知道了！"我说，"常言道'吃一堑，长一智'。从今天以后，我清楚自己的酒量了，就算再喝白酒，也不会醉倒了。"

这些蔬菜多少钱一斤？

“你们在聊什么呢？一会儿说喝酒，一会儿说什么醉了？”喝酒问题刚结束，秦老师的爱人就从外面回来了，手上还提着菜篮子。她耳朵真灵，老远就听到我们和秦老师的谈话内容了。

“你好啊，”我迅速站起来向她问好，“出去这么早，买到什么好东西了？”

“嘿，买来买去不都是那几样，今天就随便买点蔬菜。平时我和老秦两个人都上班，哪有那个闲工夫去买菜，通常是周末才去‘大购物’。前段时间连周末都没什么菜卖，还好这几天菜慢慢就多了。”她一边说，一边从篮子里将菜拿出来，“还别说，品种真丰富，有秋葵、芦笋、圆白菜以及西红柿等。”

“买这么多，你这次花了多少钱？”只听秦老师随口问道。

“今天的菜不贵，总共用了45元。”

“啊，好便宜哦！”连我都忍不住惊叹起来，“都多少钱一斤？”

“嘿！我到菜场一看有菜，赶紧就买了，忘记问价钱了。”

此时，书戎温馨提示说：“阿姨，您回忆一下，每样菜花了多少钱，各有多少斤，然后再算一下，就知道一斤多少钱了。”

“哦，这样我倒想起来了。我买了1斤芦笋、2斤西红柿、1个圆白菜、2斤秋葵。当我问销售员每样菜的价格时，他打趣地说：‘将芦笋的金额和2相加，西红柿的金额和2相减，圆白菜的金额和2相乘，秋葵的金额和2相除，会得到同样的结果。’我在回家路上一直分析每样菜究竟花了多少钱，却没琢磨出来。”

“阿姨，如果销售员没和您开玩笑的话，其实很容易算出来的。”李楠思考片刻后说。

“那销售员可会算账了，说的肯定是真话，”秦老师的爱人说，“我发现你们刚才就在讨论数学呢，干脆你们来算一下每样菜花了多少钱吧。”

“好的，我来算！”贾明自告奋勇地说。

“你还是算了吧，肯定算不出来，”书戎质疑贾明的计算能力，“要不让我来算吧。”

“你怎么能肯定他算不出来呢？”我批评书戎，“没有事实根据的话不可乱说哦。”

秦老师也为贾明打气说：“那就让贾明来算，我相信他肯定会算。”

然后，贾明就开始算起来了。只见他一边写，一边说：“假设芦笋的金额为 x_1，西红柿的金额为 x_2，圆白菜的金额为 x_3，秋葵的金额为 x_4。按照销售员提出的要求，得到的方程式是——”只见他写在纸上的方程组是：

$$\begin{cases} x_1+x_2+x_3+x_4=45 & (1) \\ x_2-2=x_1+2 & (2) \\ 2x_3=x_1+2 & (3) \\ \dfrac{1}{2}x_4=x_1+2 & (4) \end{cases}$$

紧接着，他开始化简 (2)(3)(4) 式，将 (2)(3)(4) 式代入 (1) 式后，得到 $x_1=8$。再分别代入 (2)(3)(4) 式，得到 $x_2=12$，$x_3=5$，$x_4=20$。也就是说，芦笋、西红柿、圆白菜和秋葵分别用了 8 元、12 元、5 元、20 元。

“不错哟，贾明回答正确。”我表扬他说，“通过你这么一算，我才发现芦笋、西红柿和秋葵每斤的价格分别是 8 元、6 元、10 元，圆白菜每个的价格是 5 元。”

此时，书戎羞怯地低下头，轻声向贾明道歉：“你真是让我刮目相看，我不应该小瞧你的，对不起！”

“这有什么！”贾明大大咧咧地说，“我也没想到我会算对。”

李阿姨外出了多长时间？

说完菜的价钱，我们发现秦老师的爱人在整理这些蔬菜。只见她一边整理一边对我们说："我觉得你们讨论的内容很有意思。不如我再出一道题给你们，怎么样？"

"好啊，李阿姨，快出题吧。"三个小朋友们不约而同地说。

"好，那你们听清楚咯！"秦老师爱人紧接着说，"7 点多的时候，我出门了，回来的时候发现才 9 点多。也真是巧，我一

看表，从我出去到回来，分针与时针的位置竟然互相交换了。”

“阿姨，您想要我们算一下，您花了多少时间在买菜上，对不？”书戎主动问道，“我记得我曾经在某本书上看到过这种类似的题。”

“对的，你们能算出来吗？”

“嗯，我们试试看。”

秦老师说：“这个题可不简单哟。来，这是我的表，你们拿去看看，说不定用得上。”他说着就将手表解下来递给三个小朋友。

他们接过手表，认真看了看，又陷入深思。李楠说：“其实阿姨想让我们计算她是什么时候出的门，和什么时候回来的。不如，我们分别设 x 为出门的时间，y 为回来的时间。”

紧接着，三个人的思路就断了，不知如何建立两者的关系。

此时，贾明打破沉默说：“书戎，你说你在书上见过类似的题，你赶紧回忆一下。”

“我都忘记了，那是好几年前的事了。”书戎两手一摊，表情甚是遗憾。

这时候，秦老师主动提示他们：“你们想想，如果时间用角度来表示，将 1 小时里时针转过的角度当成 1，会怎样？”

眉头紧皱了好一会儿的李楠说：“假设出门时间是 x，则从 12 起，时针转过的角度为 x；y 是回来时间，则时针从 12 起转过的角度是 y。”

接着，秦老师又提示他们：“现在只知道出门时候时针转过的角度是 7 多一点的位置，到底是多少，看来通过时针是没

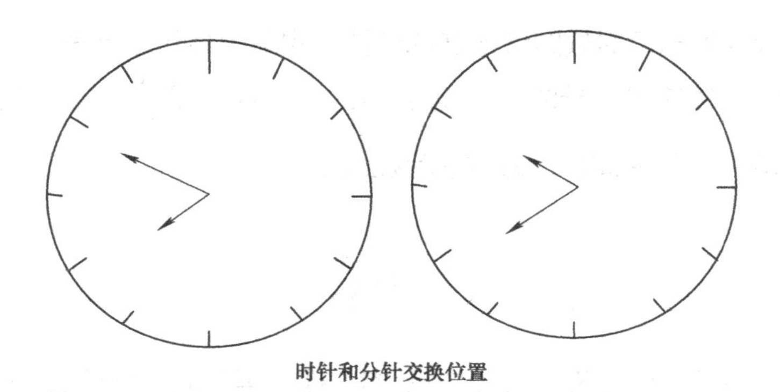

时针和分针交换位置

法知道了。”

完全找不着头绪的贾明和书戎听了秦老师的话后，茅塞顿开。“那我们用分针试一试，”书戎抢先说，“当时针转到角度是 7 的位置的时候，分针正好指着 12 的位置。时针继续转到出门时刻的时候，分针就转到了进门时候时针所在的位置。也就是说，分针从 12 的位置起转过的角度是 y。”

“没错，书戎说得对！”贾明打断了书戎的话，“由于时针转动的速度正好是分针的$\frac{1}{12}$，因此时针从 7 开始又转过了$\frac{y}{12}$的角度以后，正好到了出门的时刻。那它的计算方程就是——”贾明在纸上写着：

$$x=7+\frac{y}{12}$$

李楠认为贾明与书戎理解得很透彻，说：“进门的时刻也可以这样计算，进门的时候时针转过的角度是 9 多一点的位置。当时针从 9 继续转到进门时刻的时候，分针正好从 12 的位置转到出门时候时针所在的位置，也就是转过了 x 角度。而时针的转速是分针的$\frac{1}{12}$，因此多的这一点就是$\frac{x}{12}$。则它的方程是——”李楠将计算方程写在纸上：

$$y=9+\frac{x}{12}$$

然后，他又说：“结合贾明的方程，得到的方程组是——”他将这个方程组写下来，并求出结果：

$$\begin{cases} x=7+\dfrac{y}{12} \\ y=9+\dfrac{x}{12} \end{cases}$$

解得 $x=7\frac{115}{143}$，$y=9\frac{93}{143}$。

假如以时、分、秒来记的话，那么出门的准确时刻是 7 点 48 分$15\frac{15}{143}$秒；回家进门的准确时刻是 9 点 39 分$1\frac{37}{143}$秒。由此就可以算出阿姨出去的准确时间是 1 小时50 分$46\frac{22}{143}$秒。”

李楠话音一落，李阿姨就高兴地笑了起来：“你们真是太棒了，这么难的题都可以算出来！”

“过奖，没有秦老师的提示，我们肯定算不出来。”李楠将功劳让给了秦老师。

到底停了多长时间的电？

“哟，我忘记洗衣服了！”秦老师惊呼起来，他一边将洗衣机打开，一边对我们说，“你们看了昨晚的足球赛没有？”

“当然看了，我可是一名忠实的足球爱好者哦。”我得意扬扬地说。

“结果如何？”

“什么意思？你昨晚没看？”连我都不敢相信，“如此精彩绝伦的足球赛事，你竟然忘了？”

“唉，哪里是我不想看，是没得看！”秦老师话里全是怨气，“比赛刚刚开始，我

们这个片区就停电了，10 点 30 分才恢复供电。可惜哟，比赛都结束了！”

“那您究竟看了多少分钟？什么时候停的电？”贾明问。

“当时没留意哦，”秦老师面有难色。但是，当他转身过来看到桌上放着的两个蜡烛头后，马上有了灵感，“或许你们可以根据这两根蜡烛头将停电的时间算出来。”

贾明走过去，将蜡烛头拿起来，仔细看了看，发现没什么特别之处，便问：“停电时间并没有刻在上面噢。”

“咳，老师不是说停电时间刻在上面，而是利用它将停电时间计算出来。”

秦老师的话让贾明似懂非懂，他又问：“这两个蜡烛头几乎一样啊，只是长短不一样而已，如何计算？”

“你再细细观察一下，它们的粗细也不一样。”秦老师继续提示他。“昨晚停电后，我就点上了这两根蜡烛，我也是点着后才发现它们的粗细不同，但长短相同。我记得我买蜡烛的时候销售人员说过，大的可以点 5 小时，小的可以点 4 小时。”

书戎打断了秦老师的话说：“这和时间有什么关系呢？蜡烛原来有多长，我们并不知道，它们到底点了多久也不知道。”

一直沉默的李楠终于发表意见了：“根据秦老师的提示，我们能够将停电时间计算出来了。”他略一停顿，又说：“事实上，这是一道难度不大的方程题。我们可以通过尺子将两个蜡烛头的长度测量出来，并算出它们点了多久。”

贾明听了李楠的话，赶紧将一把尺子从秦老师儿子的文具盒里拿出来，并动手量这两个蜡烛头。不一会儿，他说：“巧了，大蜡烛头的长度刚好是小蜡烛头的两倍。”

李楠听到了，马上计算起来：“秦老师说大蜡烛头和小蜡烛头分别能够点 5 小时和 4 小时，则它们每小时会燃烧$\frac{1}{5}$和$\frac{1}{4}$。假如设蜡烛点了 x 小时，就可以知道两支蜡烛分别点掉了$\frac{x}{5}$和$\frac{x}{4}$。根据贾明量得的结果，能够得出它的方程是——”只见他写在纸上的方程是：

$$1-\frac{x}{5}=2\times\left(1-\frac{x}{4}\right)$$

然后，他又说：“根据这个方程进行求解，发现 $x=\frac{10}{3}$。昨晚停了$\frac{10}{3}$小时的电，即 200 分钟。”

书戎接着说：“如果是 10 点 30 分来电，说明昨晚是从 7 点 10 分开始停电的咯。”

我听了他们的计算后，不由得替秦老师惋惜起来：“多精彩的赛事啊，可惜你只看了 10 分钟。

秦老师也是连连叹息：“是啊，突然停电，我也是无可奈何啊！”

“不过，没事。”我安慰秦老师，“如此精彩的赛事，电视台过两天必定会重播的，到时候你就一饱眼福吧。”

究竟达到标准体重了吗?

看足球赛事的话题刚结束,秦老师就问贾明:“你是不是不爱运动啊?看你胖乎乎的,才一个多月没见,老师觉得你又长肉了。”

“我真的长肉了吗?”贾明呵呵一笑,“我确实不喜欢运动,虽然对足球有一点儿兴趣,但我每次一跑就大汗淋漓的,所以就懒得动了。”

“爱吃不动，难怪发胖。”我接着贾明的话说，“看来你是愿意让自己胖起来喽？”

“叔叔，我最近总是让我妈妈做各种美食，想要再胖一点儿。”

“我的天，莫非你认为自己很苗条？”贾明的话让我们大吃一惊，我打趣说，“你再胖点就可以去做相扑运动员了。”

贾明不可思议地看着我们，疑惑地问：“为什么你们会说我胖呢，相比标准体重我还轻几斤呢！”

书戎开玩笑地说：“这么说的话，标准体重的人看起来比装满东西的麻袋还胖？”

“哟，还不信我的话？”贾明为自己争辩说，“那天我翻阅杂志的时候，无意中看到，1.7 米高的人标准体重是 130 斤。我 1.6 米高，比书中的身高矮 10 厘米，那么，只要从 130 斤中减去 10 厘米所占的等比质量，也就是减去 8 斤，得到的结果是 122 斤，就是 1.6 米高的标准体重。前几天我称了一下，我的体重比标准体重轻 3 斤，只有 119 斤。所以啊，我得多吃点，再长 3 斤，体重才达到标准哦。”

“你算错了哦！”秦老师笑着打断了贾明的话，“个子高和个子矮的人，属于两个相似体，根据比例进行计算时，需要对他们的高度、宽度以及厚度进行计算，所以，应根据以下方程式进行计算。假设你有着 x 的体重，则——”只见秦老师写在纸上的公式是：

$$130:x=1.7^3:1.6^3$$

$$x=\frac{130\times1.6^3}{1.7^3}\approx108\text{（斤）}$$

“意味着你的标准体重是 108 斤。”

贾明听完秦老师的话，气得直跺脚：“难怪你们一个个都说我胖，原来我比标准体重重了整整 11 斤啊，亏我还想多吃点增肥呢，再吃下去估计我都无法走路了。”

“所以啊，长跑队欢迎你的加入！”李楠对贾明说，“只要你持之以恒，相信你的体重很快就降下来了。”

“看吧，你这粗枝大叶的毛病总是不改。”秦老师批评贾明，“若你是医生，根据你计算体重的方法，患者就惨了，因为许多药的服用量是以人的体重为计算依据的。”

秦老师的话，让贾明羞愧地低下了头，气氛一下子变得沉闷起来。

孩子个数怎能是无理数呢？

书戎看个个都不说话，为了改变这种沉闷的气氛，他灵机一动，问：“秦老师，怎么都不见您的小孩呢？您有几个小孩啊？”

秦老师正想告诉他们答案的时候，突然一个想法又出现了，他连忙改口：“要不，你们猜猜看？”

接着，秦老师将一个式子写在纸上：

$$\sqrt[3]{1+\frac{2}{3}\sqrt{\frac{7}{3}}}+\sqrt[3]{1-\frac{2}{3}\sqrt{\frac{7}{3}}}$$

然后，他对书戎说："这不，我的小孩个数都在这里了。"

书戎走过去一看，很是诧异："秦老师，您不是开玩笑吧？这么复杂的无理数怎么可能是小孩个数呢？"

贾明和李楠看到书戎这么惊讶，也凑了过去一看，都连连惊叹道："这怎么可能？！"

说实话，我当时也觉得莫名其妙，以为秦老师是逗他们玩的。

秦老师看到他们都一头雾水的样子，提示他们说："你们可能被它的表面形式给迷惑了。你们说，$\sqrt{4}$、$\sqrt[3]{8}$是无理数吗？"

"当然不是，它们的结果都是2。"书戎抢先回答说。

"所以，你们判断它是无理数的依据是什么？"

"看您写的这个数里，两个根式都不可能开出来，它们加起来不还是无理数吗？"

"凭空猜想就不对了。"秦老师接着对书戎说，"$2+\sqrt[3]{3}$是无理数吗？"

"是。"

"嗯，好，那我再问你，$\sqrt[3]{-3}$是无理数吗？"

"也是。"

"将它们相加，结果是无理数吗？"

"它们的和等于2，2并非无理数。"书戎思考片刻便回答说。

"你看，你刚才是不是说错了呢？"

秦老师的话让书戎有点无地自容，他潜心思考秦老师写的式子的结果究竟是有理数还是无理数。这时候贾明开了口："不管怎么着，您开头说这个数就是您的孩子个数，我怎么也想不通。"

"对啊，太让人意外了！"李楠也小声咕哝着。

"怎么？难道你们都不相信？好吧，让事实来证明，它的确是有理数。"接着，秦老师将这个证明过程写在纸上。

假设这个数是 x，根据完全立方和公式：

$$(a+b)^3 = a^3 + 3ab(a+b) + b^3$$

得到以下方程：

$$x^3 = \left(1+\frac{2}{3}\sqrt{\frac{7}{3}}\right) + 3\sqrt[3]{1+\frac{2}{3}\sqrt{\frac{7}{3}}} \cdot \sqrt[3]{1-\frac{2}{3}\sqrt{\frac{7}{3}}}\left(\sqrt[3]{1+\frac{2}{3}\sqrt{\frac{7}{3}}} + \sqrt[3]{1-\frac{2}{3}\sqrt{\frac{7}{3}}}\right) + \left(1-\frac{2}{3}\sqrt{\frac{7}{3}}\right)$$

简化后是：

$$x^3 = 2 + 3\sqrt[3]{\left(1+\frac{2}{3}\sqrt{\frac{7}{3}}\right)\left(1-\frac{2}{3}\sqrt{\frac{7}{3}}\right)} \cdot x = 2 - x$$

说明 x 满足三次方程要求：

$$x^3 + x - 2 = 0$$

"这么看来，我们只需要将这个三次方程的答案计算出来，得到的结果就是秦老师的孩子个数。"秦老师的话被李楠打断了，他说，"这个式子左边能够分解因式。"然后，他继续演算：

$$\left(x-1\right)\left(x^2+x+2\right)=0$$

“得到 $x=1$ 或 $x=\frac{-1\pm\sqrt{1-8}}{2}=\frac{-1\pm\sqrt{-7}}{2}$。这说明这个方程的实根仅有一个，即 x 等于 1。意味着 $\sqrt[3]{1+\frac{2}{3}\sqrt{\frac{7}{3}}}+\sqrt[3]{1-\frac{2}{3}\sqrt{\frac{7}{3}}}$ 等于 1。”

“算出来没有？我的小孩个数是多少呢？”秦老师打趣地问。

“一个！”三个小家伙不约而同地回答。

“对的，秦老师只有一个孩子，今年 9 岁。”我替秦老师回答了他们。

“小不点”怎么跟“小胖子”一样重？

此时，只见一个小男孩像风一样跑进来，嘴里说：“爸爸，渴死我了，我想吃冰……”话还没说完，发现几个陌生人坐在屋里，瞬间像化石一样僵在那里。

秦老师指着那个满头大汗的男孩向我们介绍说：“看，他就是我的儿子宸宸。”

并招呼宸宸坐下："宸宸，快过来，这是叔叔，这是哥哥。"

宸宸第一个向我问好，紧接着往贾明身边走去，开心地问："小胖子哥哥，刚刚你们在讨论什么呢？"

被叫作"小胖子哥哥"的贾明，小脸一下子红了起来。他仔细瞧了一下，发现宸宸很瘦弱的样子，爽朗地说："我叫贾明，和你比起来，我的确很胖，要是我们能够平均一下体重该多好！"

秦老师先是对宸宸直呼贾明"小胖子哥哥"的行为进行了口头教育，然后又笑着对贾明说："虽然你觉得宸宸很瘦弱，实际上他和你有着相同的体重。"

"老师，您逗我玩的吧？"贾明对着宸宸随意比画了一下，"我不但比宸宸高，还比宸宸胖，说不定我的体重是他的两倍呢。"

"对啊，一个高，一个矮，一个胖，一个瘦，怎么可能有着相同的体重呢？"老师的话连书戎都不相信了。

"知道你们不信，让老师给你们解释一下。"秦老师指向贾明，说，"你们俩的体重的确是相同的。"

贾明满脸的不相信："难道又得靠数学证明？"

"对啊！"秦老师回答说，"假设你们俩共有 180 斤。分别用 x 和 y 代表你和宸宸的体重。则——"只见秦老师写在纸上的方程是：

$$x+y=180$$

紧接着又通过这个方程得到：

$$x-180=-y$$

$$x = 180 - y$$

秦老师写到一半，停下来，问贾明：“你觉得这样运算对不对？”

“对，”贾明说，“这不过是普通的移项。”

“如果将这两个方程等号两边的式子分别相乘，则——”只见秦老师写在纸上的是：

$$x(x - 180) = -y(180 - y)$$

$$x^2 - 180x = y^2 - 180y$$

“这样可以吗？”他问贾明。

“可以，”贾明马上回答说，“这是等式相乘。”

接下来，秦老师又说：“如果两个方程都加上 90^2，那么就是——”只见秦老师写出来的是：

$$(x - 90)^2 = (y - 90)^2$$

秦老师一边演算一边说：“你们看，我先将两边开方，然后再加上 90，得到 $x = y$ 的结论。说明你们俩的体重一样。”

贾明听得一知半解，便又重新看一遍秦老师的演算过程，可还是没有任何收获。

宸宸知道自己和贾明有着相同的体重后，欢快地笑了：“哈哈，原来我和贾明哥体重相同呢。”

“肯定是算错了！”贾明断然否认。

“哪里错了呢？”秦老师问，“我的演算过程你都看得一清二楚。”

“也对，”贾明开始自说自话了，“到底是哪里出了问题？”

李楠看贾明毫无头绪的样子，决定伸出援手，他走过去，小声地说："你仔细分析一下，看开方运算出错没有。"

经李楠一指点，贾明马上就找到问题的症结所在了，他对秦老师说："您的开方不对。开方应该有正负根，但是，您仅仅是取了正根，并没有取负根。若您取负根，则 $x-90$ 和 $y-90$ 是不对等的，而等于 $-(y-90)$，通过移项，得到 $x+y=180$，即原方程的解。因此，您并未对该方程进行求解，而是对原方程变了一下形而已。"

"答得好，"秦老师肯定了贾明的说法，"这一次我是逗你玩的，因为你总是粗枝大叶的，所以又上我的当了。"

接着，秦老师将 10 元钱递给宸宸，让他买冰棍回来分给大家吃。

盆子中有多少个圣女果？

没想到，宸宸刚走，贾明就开始请求秦老师继续出题。思考片刻，秦老师说：“昨晚我家来了几个客人，都是宸宸的同学。我端了一些圣女果给他们吃，在分圣女果时，我顺便出了一道题考考他们，没想到他们马上就算出来了，不如你们现在也算一下。”

“老师，您又和我们开玩笑了，”贾明

自信满满地说，“您儿子是小学生，您出的必定是道算术题。如果小学生都能够马上算出来，何况我们呢？”

秦老师严肃地说：“你别太自信了，他们算得快，不代表你们也算得快。”

书戎的好奇心又来了，开始催促秦老师：“老师，你快点说说看吧。”

“好，你们认真听了哦。”接着，秦老师说，“我在分圣女果时，手里端着盆子，给第一个同学发了 1 个圣女果，并将剩下圣女果的$\frac{1}{7}$分给他；按照这种规律，将 2 个圣女果发给第二个同学，并将剩下圣女果的$\frac{1}{7}$分给他；以此类推，最后一个同学得到圣女果后，刚好分完了这盆圣女果。最重要的是，每个人分到的数量是一样的。那么，请你们算一下，盆子里原先有几个圣女果？每个同学得到多少个圣女果？”

秦老师的话音刚落下，贾明就摇晃着他的小脑袋说：“这么复杂，用算术怎么算得出来呢？”

“对啊，”书戎附和着说，“我想，只能用代数的方法去计算了。”

“未知数要设几个好？”贾明想了想，“肯定不能只设 1 个未知数。”

“不，未知数只需要设 1 个，”李楠斩钉截铁地说，“虽然这道题设了两个问题，但是这两个问题存在密切的联系。现在，我们假设盘子里原先有 x 个圣女果，按照秦老师给的条件，第一个同学得到的圣女果是（$1+\frac{x-1}{7}$）个，紧接着，第二个同

学得到的圣女果为 $2+\frac{1}{7}\left[x-\left(1+\frac{x-1}{7}\right)-2\right]$ 个。既然前面两个同学得到圣女果数是相同的，则它的计算方程是——”只见他飞快地写在纸上：

$$1+\frac{x-1}{7}=2+\frac{1}{7}\left[x-\left(1+\frac{x-1}{7}\right)-2\right]$$

“不错，你分析得真对。”书戎先是肯定了李楠的说法，并通过李楠写下的一元一次方程解得 $x=36$。

书戎将计算结果说出来后，李楠进行总结：“也就说，一开始盘子里有圣女果 36 个，平均每个同学得到（$1+\frac{36-1}{7}$）个圣女果，即 6 个。”

贾明一边听，一边频频点头，并问秦老师：“奇怪的是，为什么宸宸他们算得比我们快？”

秦老师哈哈一笑，说：“他们个个都在场，每人手上拿几个圣女果，来几个人，难道他们不知道吗？用乘数一算就出来了，能不快吗？但是，你们不在场，不清楚他们有多少人，每人分到多少圣女果，因此只可以用代数求解了。所以，他们算得快，不是情理之中的事吗？”

我们不由得跟着秦老师笑了起来。

怎样理财最合理？

一个话题刚结束，秦老师的爱人说午饭时间到，让我们一同去吃。此时，秦老师将笔记本电脑打开，非常诙谐地说："请大家欣赏《年轻的朋友来相会》，让我们在美妙的音乐中享受午饭吧。"

笔记本电脑瞬间吸引了贾明的目光，他问秦老师："这笔记本电脑真好看，老师花多少钱买下来的？"

秦老师说："大概 6000 元吧。"同时向贾明用手比画了个"6"，并问："莫非你也

想买一台这样的？你爸爸会同意吗？”

“是的，”贾明连忙点头说，“为了方便上网，我早想入手一台了。我在上月初就将这个想法告诉我爸爸了，没想到他一口应允了，说：‘好，在每个月发工资时将 2000 元存入银行里，就从这个月做起，存够了就给你买电脑。’我听了好开心啊，可没想到快到月底的时候家里的钱花完了，只好把存银行的钱又取了出来。”

秦老师问：“那么，你知道你爸爸的月薪是多少吗？”

贾明歪着脑袋想了下，回答说：“好像是 3000 元。”

没想到贾明刚说完，秦老师就笑了：“看来，你爸爸一心想着给你买电脑，却忽略了家庭的可承受能力。存 2000 元，留 1000 元作为生活费，基本的开销无法满足。你啊，只有让你爸爸懂得如何理财，才有可能买到笔记本电脑哦。”

秦老师的话深深地打动了我：“你说的这个问题我也想了很久，一直没有头绪。你就谈谈怎样才能实行合理的储蓄吧。”

“第一部分，先将每月需要储蓄的资金总数确定下来，这里，我们先设为 Z，”秦老师如同站在教室的讲台上，“根据对我国家庭结构的分析，Z 由三个部分构成。首先是月折旧成本，即按照家庭耐用消费品的总价及平均使用期限，将月消费金额计算出来，此处设为 G。也就是说用耐用消费品总价除以 12（平均使用期限），得到的结果就是 G。这样做的目的是使现有生活水平得到保障，此类东西在使用一定时间后肯定是需要替换的。”

“对的，”我点头说，“那第二部分呢？”

“我们用 J 表示第二部分，即月积累总额。月总收入和家庭积累率相乘，得到的结果就是月积累总额。这一部分旨在改善我们的生活质量。”秦老师稍微停顿了一下，接着说，“这就是用来给你买电脑的。”

听到此处，贾明眼睛都亮了起来：“老师，什么是家庭积累率呢？”

“家庭积累率指的是可以储存起来的家庭收入比率，是由家庭消费结构决定的。例如：家庭月收入超过 5000 元的，其积累率约为 20%；家庭月收入在 3000 ～ 5000 元内的，其积累率约为 15%；低于 3000 元的，其积累率约为 10%。”

“我明白了，”贾明说，“如果我们家只有 3000 元的家庭月收入，说明其积累率为 10%。”

秦老师接着说：“最后是备用金，即我们要说的第三部分，用 B 表示。备用金的使用相对灵活，取决于自家发生意外事件的概率大小。正常情况下，月总收入乘以 5%，得到的结果就是备用金。”

“我根据你说的话，制作了一张单子，不知道是否正确，你过目一下。”接着，我将单子递给他，具体就是：

$$Z=G+J+B$$

$$G=\text{耐用消费品总价}\div\text{平均使用期限}$$

$$J=\text{月总收入}\times\text{家庭积累率}$$

$$B=\text{月总收入}\times 5\%$$

然后，我问他：“我们在储蓄这三部分钱时，它的存款方式应该不一样吧？”

“是的，不一样。资金的用途不同，储蓄的方式也将有所不同，”秦老师慢条斯理地说，“现如今，我国储蓄类型主要有三种：第一种是活期存款，第二种是零存整取，第三种是定期存款。在利息率方面，它们是依次递进的。我们不能一味地关注利息率是多少。综合而言，比较适用零存整取的是月积累总额以及月折旧成本。原因是，它是每月存固定的金额，取出时则是一次性取完的，通常用来更新大型家庭设备或购置物品。若零存整取的期限是一年，期满后没有取出的话，能够转定期储蓄。至于备用金，为了使用方便，通常选择活期储蓄。”

“没想到啊，老兄在学校是精英，在家是治家天才！”秦老师的话让我佩服万分。

贾明笑逐颜开：“我今天回去后，要将秦老师说的话传达给我爸爸，让他也成为理财达人。”

秦老师将手放在贾明肩膀上，轻轻拍了一下，笑着说：“这样，你还怕买电脑的计划会付诸东流吗？”

杯子里柠檬汁的浓度是多少？

秦老师刚吃完饭，就从屋里拿出来两个大杯子，一杯装凉开水，一杯装新鲜的柠檬汁，他一边递给我们，一边说："刚刚我爱人榨了点柠檬汁出来，我们今天就用它兑点柠檬水喝吧。"

说着他就拿起装有凉开水的杯子，往柠檬汁杯里倒了跟柠檬汁同样多的凉开水。然后搅拌了几下，又拿起装柠檬汁的杯子，往装有凉开水的杯子里倒了跟杯中凉开水同样多的柠檬水。

见此情景，书戎很是不解，他问："秦老师，为什么要这样倒来倒去呢？直接将柠檬汁往凉开水里倒就可以啊！"

"你错了，人与人的口味不同，所以我计划兑出来一杯浓点儿，另一杯淡点儿的柠檬水。"接着他又拿起最开始装凉开水的杯子，往装柠檬汁的杯子里倒了跟杯里同样多的柠檬水。最后，秦老师拿出几个玻璃杯，笑着和我们说："你们知道吗，饭后喝柠檬水，不但有利于消化，而且能够解渴。"同时，他指着两杯调好的饮料，对我们说："这杯稍微浓点儿，最初是装新鲜柠檬汁的，那杯比较淡，你们喜欢喝什么口味的就自己倒，别客气！"

看着眼前的两杯柠檬水，李楠不解地问："老师，刚才您倒来倒去有什么讲究吗？为什么这两个大杯子最后竟然有着同样多的柠檬水呢？"

秦老师一开始没有注意到这一点，忽然间他仿佛想起了什么，便说："幸亏你提醒我，眼前就是一道相当有趣的代数题。你们算一算，开始的时候凉开水和柠檬汁的比例是多少？现在这两个杯子里柠檬汁的浓度又各是多少？"

完全理解不了这道题的贾明心想，莫非是秦老师逗我们玩呢？他嚷嚷着说："这哪里是代数题呀？完全没数字，如何算起？"

"虽然这道题一个数字都没有，可是却可以将数字算出来。你们若不信，就试着算一下。况且，你们刚才不也看见我是如何倒来倒去的吗？"

"要不我们先设两个未知数看看，"李楠自告奋勇地说，"假设原来有凉开水 x 升，柠檬汁 y 升。"

接着，书戎分析说："我还记得秦老师倒凉开水和倒柠檬汁的过程呢。根据李楠设的 x 和 y，首次倒完后，$(x-y)$ 升就是凉开水杯里剩下的水，柠檬汁杯里就变成 $2y$ 升了。根据第二次的倒法，$2(x-y)$ 升就是凉开水杯里剩下的柠檬水。柠檬汁杯里的柠檬水就是 $2y-(x-y)$ 升 $=(3y-x)$ 升。然后再倒，柠檬汁杯就有 $2(3y-x)$ 升，所以，凉开水杯最后的柠檬水有 $2(x-y)-(3y-x)$ 升 $=(3x-5y)$ 升了。"刚说完了，李楠又接上话："此时两个杯子有着同样多的柠檬水。如此一来，就能够列出方程了。"接着，他将方程写在纸上，并进行简化：

$$2(3y-x)=3x-5y$$

就是$\frac{x}{y}=\frac{11}{5}$。

"也就是说原来的水与柠檬汁的比例是 11 ： 5。"

发现李楠与书戎将秦老师提出的第一个问题求解出来后，贾明也产生了浓厚的兴趣。通过一番思考，他自信满满地说："尽管老师反复倒水，让人眼花缭乱，这两个杯子还都装有柠檬汁和凉开水，但是我想，只要循序渐进，就可以计算出第二个问题的答案。"

"没错！"我表扬贾明说，"那么，就由你来算第二个问题。"

"好！"贾明认真地算了起来，一边算，一边说："倒完第一次后，不需要算凉开水杯里柠檬汁的浓度，柠檬汁杯一半是柠檬汁一半是凉开水。倒完第二次以后，我们分析凉开水杯，本来它有 $(x-y)$ 升水，倒入 $(x-y)$ 升柠檬水，其中$\frac{1}{2}$是凉开水，

$\frac{1}{2}$是柠檬汁。所以，此时凉开水杯里有$\frac{3}{2}(x-y)$升的凉开水，有$\frac{1}{2}(x-y)$升是柠檬汁，凉开水是柠檬汁的 3 倍，即$\frac{1}{4}$是柠檬汁，$\frac{3}{4}$是凉开水。”

李楠打断了贾明的话："这一比例到最后都不变。"

“对的，”贾明先是肯定了李楠的话，“第二次倒完后，柠檬汁杯里有$(3y-x)$升柠檬水，其中凉开水的量是$\frac{1}{2}(3y-x)$升，柠檬汁是$\frac{1}{2}(3y-x)$升。接着倒入的柠檬水里，凉开水有$\frac{3}{4}(3y-x)$升，柠檬汁有$\frac{1}{4}(3y-x)$升。照这样看，$\left(\frac{3}{4}+\frac{1}{2}\right):\left(\frac{1}{4}+\frac{1}{2}\right)=5:3$。这是凉开水与柠檬汁的比例，也就是凉开水占$\frac{5}{8}$，柠檬汁占$\frac{3}{8}$。”

李楠忍不住问："那两个杯子里柠檬汁浓度分别是多少？"

“这不是挺简单的吗？”贾明踌躇满志地说，“凉开水杯里 25% 是柠檬汁，柠檬汁杯里 37.5% 是柠檬汁。”

“不错，”秦老师微笑着说，“没想到，贾明计算能力提高了不少！”

书戎从装着柠檬汁的杯子里倒出一杯，并向贾明递过去："刚才还说没有头绪，如今都算得一清二楚了。"

贾明被夸奖后脸一下子红了起来，说："还是你和'数学迷'先喝吧，没有你们的提示，我根本算不出来！"

“好，大家都不要谦让了，让我们每人来一杯吧。”秦老师一边说，一边又倒了两杯柠檬水出来。

麦子换面粉应该带袋子吗?

在我们喝水的时候，李楠突然说:“去年我在乡下姥姥家过暑假时，闹出一个笑话来。”

贾明的好奇心又来了，他马上问:“什么笑话?说出来让大家听听，顺道乐一乐。”

“好呀。”李楠将杯子放下，用手轻轻扶了一下鼻梁上的眼镜说，“记得有一次，姥姥让我到前面的加工厂换面粉。我将一口袋麦子往车子上一放，就出发了。出门前，姥姥说，100斤麦子能够换回面粉 80 斤。到那儿过秤的时候，小麦是装在口袋里称的。加工厂的会计要把小麦倒出来称口袋的质量。我说:‘待会儿装面粉的还是这个袋子啊，既然装麦子和装面粉的都是这个袋子，进出相抵，何必这么麻烦呢?’……”

“不错，”贾明表扬李楠说，“不愧是‘数学迷’，到哪儿都会思考。”

李楠心想，又一个和我犯同样错误的人。但他并没有回应贾明，而是继续往下说：“不过，会计拒绝了我的要求。他说：‘虽然这样方便一些，但是你得到的面粉会少一些。’”

“哪儿来的会计，太死心眼了吧？完全不懂数学啊！”贾明忍不住嘀咕起来，“既然进出都是同一个袋子，面粉又如何会少一些？”

听到这，秦老师笑了：“贾明啊，你就是懒得思考，还好意思说别人。若你是会计，消费者可就吃大亏了！”

这让贾明很不解，他问：“为什么？”

“你啊，和我犯了同样的错误，想得太简单了。”李楠回应贾明说，“我拿面粉往回走的时候，仔细地分析了一下，才明白自己错在哪里。假设我的小麦重 m 斤，口袋重 n 斤。那我应得面粉 $m\times\frac{80}{100}$斤。如果按我的办法来算，我实际上得了$\left[(m+n)\times\frac{80}{100}-n\right]$斤面粉，就是$\left(m\times\frac{80}{100}-\frac{20}{100}n\right)$斤，比应得面粉少了$\frac{1}{5}n$ 斤。因为这个袋子刚好重 2 斤，意味着我刚才那样算少了 0.4 斤面粉呢。”

贾明听完恍然大悟，说：“亏我还埋怨会计死心眼呢，没想到是自己太粗心了！”

秦老师：“如果是等量交换，你们原先的算法就是对的。但这并非等量交换，我们要懂得具体问题，具体分析。”

阿姨买的水果个数怎么算？

没想到秦老师刚说完，他的爱人就大声叫了起来：“我说老秦，不是让你拿水果出来给大家吃吗？昨天我特地买了梨和西瓜等水果回来。”

秦老师拍了一下脑袋说：“哦，我早忘记了！”然后又朝屋里说：“不如你拿出来给我们吧。”

“老师，既然我们在说身边的数学，那么阿姨买的水果可以编成一道题吗？”

“当然可以。”秦老师肯定地说，“这样，我们先不拿水果了，让书戎他们算一下这道题，算对了，再将水果发给他们，以作奖励！”

“好耶！”书戎与贾明欢喜地说，“老师，您快点给我们出题吧！”

“听好了。”秦老师不紧不慢地说，“昨天，我爱人一共买了三种水果，有苹果、西瓜和梨。把西瓜和梨的个数相加，用它们的和乘以梨的个数，就是苹果个数与120相加的和。那么，这三种水果的个数分别是多少？你们算一下。”

书戎马上说：“这题好简单。我们分别用x、y和z表示西瓜、梨和苹果的个数，则它的方程是……”只见书戎写在纸上的是：

$$y(x+y)=z+120$$

李楠一看，惊呆了：“一个方程里同时出现三个未知数，如何求解？”他小声地和书戎说：“秦老师是不是没有说清楚条件？”

秦老师笑了：“我条件还没说完，就被书戎打断了。还有一个条件是，这些水果的个数都是质数，且都不相等。”

贾明开始自说自话了：“大于1的整数，除了它自己和1外，任何正整数都无法将它整除，就是质数，例如2、3、5、7、11、13、17等。但是，就算知道水果的个数都是质数，对于一个方程里有三个未知数来说，还是求解不了的啊！”

书戎与李楠沉默不语。

为了缓解气氛，我说：“看来你们想吃苹果、西瓜及梨，不容易哦。到底谁会第一个想到办法呢？”

秦老师这时给他们提示说:“要解决这个问题，必须留意我给出的两个条件。”

此时，李楠说:“方程左边 $y(x+y)$ 是两个数相乘，而且又是 $z+120$ 的因数，说明 z 不等于 2。原因是，如果 z 等于 2，则 $z+120=122$，但是 122 的因数只有两个，一个是 2，另一个是 61，即 $y=2$，与 z 相等，不符合题目条件。”

贾明开始急躁起来了:“还‘数学迷’呢，我看你说了这么多，都没有说到重点！”他转头又对秦老师说，“老师，您来说说看吧。”

“你这么急干吗，想吃西瓜了？”书戎开玩笑地说。

“贾明，别太心急。打个比方，解方程就像‘攻碉堡’，那么现在走到碉堡前面的就是李楠。”我为李楠打气，“你接着说。”

李楠点点头，接着说:“在那么多质数里，唯一的偶数是 2，其他都是奇数，可见，z 肯定也是奇数。那么，z 加上 120，得到的和肯定也是奇数。这说明，方程左边的 y 和 $(x+y)$ 也必定是奇数。由于 y 是奇数，$(x+y)$ 也是奇数，所以 x 只能是偶数。既然我们知道 x 是质数，则说明 x 是 2。我们把它代入方程，发现——”李楠飞快地在纸上写着:

$$y^2+2y-120=z$$

$$(y-10)(y+12)=z$$

李楠的演算过程让书戎豁然开朗，他说:“因为 z 是质数，所以能够整除它的不是 1，就是它本身。因此，$y-10$ 的结果是 1。说明 y 是 11，y 加上 12 等于 z, 说明 z 是 23。”

“想不到，这个方程竟然可以计算出来！”贾明甚是惊讶，“看来，阿姨买了西瓜 2 个、梨 11 个、苹果 23 个。”

秦老师看到他们能够算出这么难的题，美滋滋地对他的爱人说：“水果呢？赶紧端上来，让我们的小朋友们吃个痛快吧！”

生活中处处都有 0.618

书戎吃完西瓜后，看着秦老师屋里的衣柜，对我说：“叔叔，我家也有一个同样大小的柜子，也很漂亮，就是抽屉和门略微不同。”

我边吃水果边回应他说：“那么你知道吗？通常情况下，两开门的衣柜有着同样的尺寸。”

秦老师发现我们在说他的衣柜，就将一把卷尺递给书戎说：“不如你将这个柜子的高度和宽度测量出来，再将它们的比值计算出来。”

书戎按照秦老师的话量完并计算后，说：“比 0.6 多出一点点。”他开始疑惑了：“老师，为什么要量这个呢？”

秦老师没有直接回答书戎的话，而是接着说：“你看看身边还有没有其他长方形的物品，找一个出来，测量它的长度和

宽度后，再计算它们的比值。”

书戎环视一圈，发现床上的枕巾是长方形的，就准备动手测量。此时，贾明也放下正在摆弄的收录机，跑过来帮忙。他们刚计算出结果，书戎又开始惊讶起来了：“怎么又是比 0.6 多一点点呢。”

秦老师一边回应书戎的话，一边指着李楠说：“不如你量一下他的上半身与下半身，并计算它们的比值。”

就这样，一头雾水的李楠被贾明和书戎拉过来，上上下下量起来。两个人量完，更加觉得不可思议了：“怎么还是比 0.6 多一点点呢？”

秦老师笑起来了：“你们这些小家伙啊，就是‘孤陋寡闻’。在我们的身边，不少物品的比值都差不多，因为它们都约等于一个美妙的数字。”

贾明第一个回答：“莫非是 0.6？”

“对，”秦老师说，“准确地说，这个数字其实是 0.618。”

“哦，这个数字比较独特。”李楠一点就通，说：“我曾经在一本书里看到过，说身边处处有 0.618。”

秦老师接着向他们几个小朋友解释说：“人们通过实践发现，如果将一条线段分割成两段，并且让短的一段和长的一段的长度比值等于长的一段和整个线段的长度比值，看起来很美。现在我们就来具体地算一算这个比值。”

秦老师先将一个草图画出来，然后说：“AB 线段总长假设为 1，我们将它分成两段，一段是 AE，另一段是 EB，AE 的长度用 x 表示。根据前面出的条件，得到的方程是——”秦老师写出一个方程后，顺道将它简化：

$$\frac{1-x}{x}=\frac{x}{1}$$

$$x^2+x-1=0$$

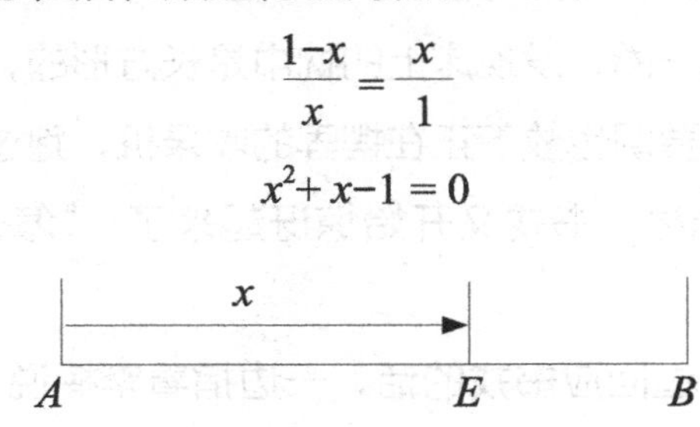

“你们都会求解一元二次方程吧？”

贾明马上回答说：“通过求根公式，得出 $x=\frac{-1\pm\sqrt{5}}{2}$。”

李楠接着说：“我们将负根舍去，得到 0.618 的近似值。”

书戎不由得欢呼起来：“原来如此。难怪秦老师一直让我又量又算的，看来里面的知识真不少哦！”

“你们知道吗？自古以来，有不少人研究过这个分割方法，发现它有许多奇妙的性质，给人们带来不少好处，因此人们就给它起了一个美好的名字——黄金分割。”略一停顿，秦老师又说：“0.618 这个数字在许多动物、植物以及供人们观赏的物品当中都有所体现。在科学实验中，它更起着重要的作用。当然，有时受到其他各种因素的影响，如材料、工艺等方面的限制，比值不一定精确满足 0.618 这个数字，但是绝不会相差很远，常取 $\frac{2}{3}$、$\frac{3}{5}$、$\frac{5}{8}$、$\frac{8}{13}$……这一类的分数作为它的近似值。”

听了秦老师的一番解释，我暗暗感叹大自然的奇妙：“0.618 这个数字在生活中确实是无处不在的啊！”

天文数字以后的日期是星期几？

此时，李楠又开始提问了：“老师，我们如何运算特别大的数呢？举个例子说，有一次我表哥问我一个这样的问题，‘今天是星期天，那么 $10^{10^{10}}$ 天后是星期几？’，这个问题问得我哑口无言。”

“嗨，这不是很简单吗？”贾明抢先一步说：“用 $10^{10^{10}}$ 除以 7，看余数是几，不就是星期几啦！”

“你说得倒是轻巧！”李楠反驳贾明说，“你是否想过，若将这个数完整地写下来有几位数字？”

“这又怎样？我们拿大点儿的纸张来写就可以了，多费点时间而已。”

“你啊，就是想得太简单了！”秦老师耐心地回答贾明，“你有没有想过，假设它有100亿位，‘0’这个数字你要写多少遍、写多长、写多久？你哪里找这么大的纸？哪有那么多时间写？”

贾明大吃一惊：“天啊，没想到还有这么大的数。别说我算不出来，恐怕计算机也不一定能计算出来。”

听了半天的书戎开始急起来了：“那么，我们就拿它没有办法了吗？”

“当然不是，”秦老师回答说，“不过，我们不能用常见的方法去计算这种题。在计算具体数字时，应从它的特性入手。例如李楠刚才提出的$10^{10^{10}}$吧，我们能够确定它除以7后得到的余数是多少。”

“$10^{10^{10}}$是10的100亿次方，如何将它除以7的余数计算出来？”贾明不解地问。

“办法还是有的！”秦老师说，“你们都知道10^2除以7余数是2，那么10^4除以7余数是几呢？”

反应敏捷的李楠迅速答道：“余2^2，即4。”

“这个2^2，你是怎么算出来的？”贾明甚是疑惑。

“你想，如果10^2除以7得到的商是a，余数是2，则$10^2=7a+2$。如此一来，$10^4=(7a+2)^2$，即$49a^2+28a+2^2$，前两

项都能被 7 整除，那么它的余数肯定就是 2^2！”李楠说得头头是道。

“李楠说的对！以此类推，10^6 除以 7 得到的余数是 8，但是 8 除以 7 后又会得到余数 1。那么凡是以 10^6 作为因数的数，在原数除以 7 求余数的时候可以用 1 来代替 10^6。”说到这里，秦老师又停了下来，问：“你们几个想明白其中的缘由了吗？”

书戎与贾明连连摇头，只有李楠思考片刻后说：“我明白了，您以 10^6 这个因数去表示 $10^{10^{10}}$，对吗？”

“是的，这个才是问题的重点。”秦老师肯定了李楠的话，并问：“你知道如何表示它吗？”

李楠认真思考了一下，胸有成竹地说：“由于 $10^{10}=10000000000=6\times1666666666+4$，所以 $10^{10^{10}}=10^{(6\times1666666666+4)}=10^{6\times1666666666}\times10^4$，$10^{6\times1666666666}\times10^4$ 除以 7，以 1 代替 10^6 就变成 10^4 除以 7 了。前边算过 10^4 除以 7 的余数是 4。因此 $10^{10^{10}}$ 除以 7 的余数也是 4。”

此时，书戎也找到问题的重点了：“如此说来，$10^{10^{10}}$ 天后是星期四！”

“对的！”秦老师表扬说，“算这一类题，并没有固定的公式，主要是看你们会不会灵活运用学过的知识。”

买票的任务能完成吗？

不知不觉就4点多了。此时，贾明一边站起来，一边向着李楠说：“哟，时间不早了，我们回去吧。”

“不是才放假吗？你急什么啊？”秦老师也深感奇怪。

贾明连忙回答：“我们班在假期里安排了几次团体活动，包括看电影和话剧，都在明天进行。我妈妈工作单位旁边有一个

电影院，每天都会放电影，价格也优惠，一张票才 5 元。班长让我负责买电影票，还说：‘干脆你把话剧票也顺便买了。话剧票有 50 元和 20 元的，给你 600 元，就用这些钱买，各种票都要点儿。我们班 40 人，凑够 40 张，回来再分好了。’我接了这个差事，打算下午叫上书戎和李楠一起去买票。”

李楠说：“那你提前计划好各种票买几张了吗？”

“这很简单啊！”贾明大大咧咧地说，“再难的问题，你这个‘数学迷’都可以算出来，怕什么呢！”

“得啦，”书戎提议，“还是现在就算一算各种票应该买多少张，既把 600 元花完，又正好是 40 张票。”

我支持他们说：“好，免得到时算不清，让人看笑话。”

“贾明，我看你是交不了差啦！”秦老师肯定地说，“当然，我是说你不会算这笔账，而不是说你不会买票。”

“老师，您为什么质疑我的能力？”贾明气呼呼地说，“我又不是第一次给班上买票了，况且还有李楠和书戎帮我呢。”

“虽然有‘数学迷’在，但是这道题他也算不出来！”秦老师说得如此肯定，把三个小朋友都吓了一跳。

秦老师笑着说：“600 元买 40 张票，而且是各种票都买点儿回来，你们是否想过，这是不可能的事呢？看来，你们无法完成班长交代给你们的差事啦！”

贾明赶紧问秦老师：“您怎么如此肯定？”

“很简单啊，”秦老师回答说，“按照班长提的条件，你们列一个方程组出来就知道了。”

书戎说：“那就设 50 元的票 x 张，20 元的 y 张，5 元的 z 张。”

贾明接着说："按照班长开出来的条件，它的方程是……"只见他写在纸上的是：

$$\begin{cases}50x+20y+5z=600\\x+y+z=40\end{cases}$$

"正常来说，两个方程里有三个未知数，它的解比较多哦，为什么老师说没有解呢？"

"那好，你就往下解解看吧，"秦老师说，"需要强调的是，这是现实问题，到底有解没解取决于实际情况。"

李楠思考了一小会儿，说："把第一个方程的两边同除以5，减去第二个方程，就得到 $9x+3y=80$。"此时，李楠迟疑了，因为他无法继续算下去了。

秦老师提醒他们："要记得 x 和 y 分别代表什么，关注它们的特点。"

李楠得到秦老师的提醒，马上开窍了："是哦，既然 x 和 y 是票数，那肯定是整数。如果将两边方程都除以 3，结果就是成 $3x+y=26\frac{2}{3}$。由于 x、y 是整数，所以方程左边是整数无疑了，但右边却是分数，可见这样的 x、y 不存在，该方程组是无解的。也就是说，我们没有办法用 600 元买 40 张不同的票。"

"看吧，老师说对没有？"秦老师打趣地问贾明。

"没想到啊！"贾明摸摸他的后脑勺，"还好我们提前算了一下，否则在售票处就让人看笑话了！"

“嗨，你们也太死心眼了！”我给他们出主意，“既然只是买 40 张不同的票，你们就用这 600 元去买，剩下的钱直接还给你们班长就可以啦！”

“叔叔的建议真好！”书戎催促说，“我们赶紧出发吧，不然售票处关门了。”

他们向我和秦老师道别，准备往外走。此时，秦老师连忙将书戎拦下来，问：“对了，我们先说好下次谈话的时间和地点吧。”

“要不，下个星期天如何？”我接过话说，“还是在我家谈，怎么样？”

“好的！”书戎喜笑颜开地说，“又可以吃上婶婶做的大餐了。”

“好吧，知道了。”我马上给他们让道，“快走吧，免得去晚了没票了！”

第3章
几何迷宫

今天是星期天，吃完早饭，看书戎他们还没有来，我就开始整理书架上的书。因为天热，我干脆把大门敞开了。

过了一会儿，三个小家伙陆续来到。

“快坐下，先吹一会儿风，”我打开落地电扇说，“今天秦老师不来了，待会儿我跟你们一起讨论身边的几何。”

“秦老师不能来真是太可惜了，”贾明带着遗憾的口气说道，“那我们从哪里开始谈呢？”

“在我们周围几何模型比比皆是，”书戎像连珠炮似的说，“例如，房间是一个长方体，桌子是几个长方体的组合，桌上的座钟面是一个圆……”

“好了，你不要再举例了。”我打断了书戎的话说，“光知道几何模型，并不能说明你已经学好了几何。重要的是开动脑筋，通过模型想清楚几何的概念、性质和定理的本质，还要把几何和代数有机地结合起来，并且能够把学到的知识应用于实际。只有这样，才能真正地学会、学好几何。今天我们采取一个新的谈法，来个边干边谈。”

“好的，我就爱动手，”贾明眉开眼笑地说，“叔叔，您要我们干什么？快下‘命令’吧！”

如何加固摇晃的书架？

“我看还是先帮叔叔整理书吧！”李楠建议说，“整理完了好开始谈我们的几何。”

“同意！”贾明和书戎异口同声地说。

“这样也好，”我赞同说，“你们就把我整理过的书往书架上放。”

书戎刚放了几本书，就嚷嚷开了：“叔叔，瞧您这书架，左右摇晃得厉害，这还能用？买个新的算啦！”

“嗬，你倒蛮大方的。”我解释说，“你别看它晃得厉害，木料还是很好的，只是榫卯松动了……”

“这好办。”我还没说完，机灵的李楠抢着说：“只要稍稍修理一下就行。”

“这怎么修啊？”书戎问。

“问得好！怎样修理这书架，跟几何就有密切联系了。”接着我布置说，“今天我们谈身边的几何就从修书架开始。这个任务就交给你们啦。”

我帮他们找来锤子、钳子、钉子、一根长木条，还有一把手锯。

这时候三个小朋友议论开了。书戎说：“因为这书架左右摇晃，得把木条横着钉。”

“不行，”贾明比画着说，“得竖着钉。”

李楠来了个折中：“我看还是斜着钉好。”

我插了一句：“你们都学过三角形和四边形，它们都有什么特别的性质？从这儿去想，就不难看出木条该怎样钉了。”经我一提醒，李楠自信地说：“还是我说的对，一定要斜着钉。你们想想，在学校工人师傅修椅子的时候，不就是把一根木条的一头钉在椅腿上，另一头钉在横撑上吗？”

“工人师傅倒是那样钉的，”贾明说，“可为什么横着钉和竖着钉都不行呢？那不都是用钉子钉住的吗？”

“这可是有理论根据的！”李楠说，“假如横着或竖着钉，钉完以后书架子仍然由几个四边形构成。由于四边形具有‘不稳定性’，因此书架依然左右晃动。”

我在一旁微笑着点头。这时候，书戎忽然高兴地说："对了，因为三角形具有'稳定性'，所以要像工人师傅修椅子那样斜着钉。"

"这不就用上几何知识啦！"我进一步说，"其实，三角形的'稳定性'这个性质应用得很广泛。例如厨房里的搁板，就是钉在墙上的三角支架上的；水池底下的支座也是三角形的；就连自行车的车架也是三角形的！"

什么形状的钉子好？

把书架钉好以后，贾明拿着一颗钉子琢磨起来。一会儿，他问：“叔叔，为什么钉子一般都做成圆柱体形的？”

还没等我回答，书戎接过去说：“我还见过正长方体形和正三棱柱形的呢。”

书戎说完，我紧跟着问了一句：“你说这三种钉子钉入材料以后，哪种比较牢固呢？”

“嗯……”书戎支吾地说，“这……这牢固程度怎么考虑呢？”

李楠想了想，说：“牢固程度跟钉子和

材料接触的面积有关。接触面积越大，就越牢固。”

“你说的这种结论是对的，”我赞许地点了点头说，“但是面积的大小是在特定条件下进行比较的。”

“这特定条件是什么呢？”书戎问道。

我解释说：“就是假定三种钉子的长度一样，垂直截面相等。”

“叔叔，我还没有完全理解。”贾明低声说。

“嗨，这有什么难理解的！”书戎冲贾明大声说，“长度相等和截面积相等，说明三种钉子的体积相等，也就是说做钉子所用材料的质量相等。”

“这回明白了吧？”我问贾明，“你知道各种钉子的垂直截面形状是什么样的吗？”

“圆柱体形钉子的垂直截面是圆形的，正三棱柱形钉子的垂直截面是正三角形的，长方体形钉子的垂直截面是正方形或长方形的。”贾明给出了正确的回答。

“那怎样进一步研究钉子同被钉材料的接触面大小呢？”我问道。

李楠说：“因为钉子的长度一样，所以只考虑截面周长的大小就可以了。周长大的，接触面也大。”

接着，李楠在纸上画了三个截面图。

然后，他边写边说：“设它们的截面积都是 S，正方形的边长是 a，正三角形的边长是 b，圆的半径是 R。在正三角形中，高 $h=\frac{\sqrt{3}}{2}b$，由三角形的面积公式有 $S=\frac{1}{2}bh=\frac{\sqrt{3}}{4}b^2$，

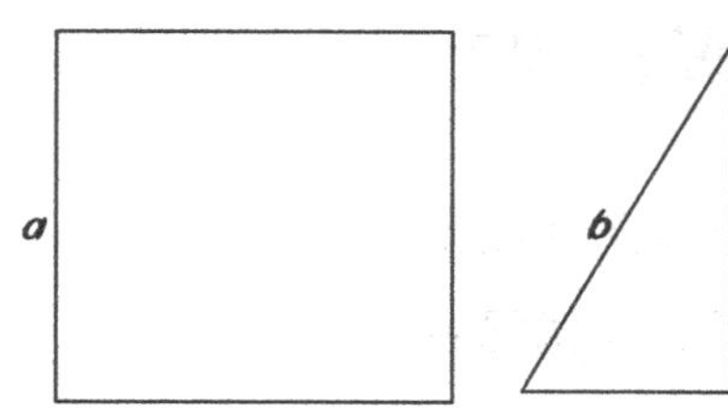

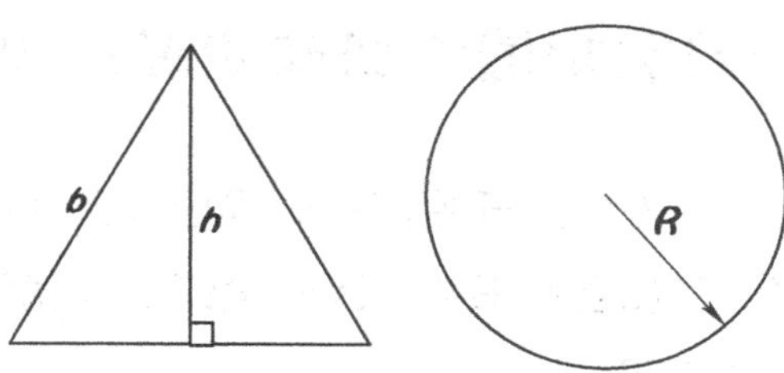

得出$b=\frac{2}{\sqrt[4]{3}}\sqrt{S}$，所以它的周长$C_{三角}=3b=\frac{6}{\sqrt[4]{3}}\sqrt{S}\approx 4.56\sqrt{S}$。在正方形中，由$a^2=S$得出$a=\sqrt{S}$，即它的周长$C_{方}=4\sqrt{S}$。在圆形中，$R=\frac{1}{\sqrt{\pi}}\sqrt{S}$，所以它的周长$C_{圆}=2\pi R=2\pi\times\frac{1}{\sqrt{\pi}}\sqrt{S}\approx 3.54\sqrt{S}$。从上面计算可以看出$C_{三角}>C_{方}>C_{圆}$。”

“哦，我明白了！”贾明恍然大悟，说，“跟材料接触面积最大的是正三棱柱形钉子，其次是正长方体形钉子，圆柱体形钉子最小。”

“是的，从理论上讲是这样。但是从材料和工艺上考虑，不同用途采用不同形状的钉子，其中圆柱形的钉子使用得比较多。”我进一步解释说，“从这里我们也可以看到，数学所得出的结果，必须同其他的一些因素统一起来考虑，才能解决实际中的问题。”

一刀能把圆饼切成四等份吗？

由于今天开始谈的时候已经是 9 点多了，又加上修书架，因此没谈多久就已经 11 点多了。

“今天中午你们都在我这里吃午饭，我当厨师。”

“不了，叔叔，我们回家去吃，不麻烦您了。”李楠和贾明同时说。

“怎么，嫌我做得不好啊？”我假装生气地问。

“婶婶不在家，您会做吗？”书戎顽皮

地说。

“怎么不会？你忘啦，你对我的拿手菜炖排骨和蒸鸡蛋羹，不是赞不绝口吗？”我得意地说，“在主食方面，我最拿手的就是烙大饼，烙得又黄、又脆、又香，保证你们一见就口水直流。”

“李楠、贾明，你们就留下来吃我叔叔做的烙大饼吧！”书戎一个劲儿地劝他的小伙伴。

“好，我们不走了，”贾明说，“今天我要向叔叔学一手烙大饼的技术。”

说完，三个小朋友跟我一起进了厨房，他们全神贯注地看我做烙饼。当我把烙好的第一张黄澄澄、香喷喷的烙饼从锅里拿出来的时候，他们齐声称赞说：“真棒，比买的还好！”

“你们先吃吧，看看是真好吃还是假好吃。”我把饼放到贾明跟前。

“叔叔，咱们一块儿吃吧，”贾明很有礼貌地说，“一分为四，刚好每人一块。”

“好，我来分。”书戎说完拿起饼就想掰。

“慢着，”我拉住书戎的手说，“还是用刀把饼切成四等份吧。”

“嗨，干吗非得用刀切呀，”书戎不以为然地打断我，说，“我用手也能大致掰成四等份。”

“叔叔叫你用刀切，准是有用意的。”李楠猜测说。

“是的，”我说，“我要求你只用刀切一次，就把一个饼分成四等份。”

“一刀切成四等份，这怎么可能呢？”贾明自言自语。

“最少也得切两刀！”书戎用刀比画着说。

“不，”李楠沉思了一会儿说，“叔叔要求的切法是可能的！”

“那你就当场切给我们瞧瞧。”书戎把刀递给李楠。

“应该这样来切，”李楠拿起刀，边切边说，“从饼的中心开始下刀，沿着以饼的半径作为直径的两个圆周切‘8’字形就行了。”

“这能保证切下的 4 块相等吗？”贾明怀疑地问。

“当然能啦！”李楠胸有成竹地说，“这是可以证明的！”

我把纸和笔递给李楠，只见他先在纸上画了一个图。

李楠画完图刚要证明，书戎接过去说：“‘数学迷’，我也会证明了。”接着他边写边说地证明起来：“设大饼的半径是 R，那么切下的小圆半径是$\frac{1}{2}R$。所以大圆的面积是πR^2，小圆的

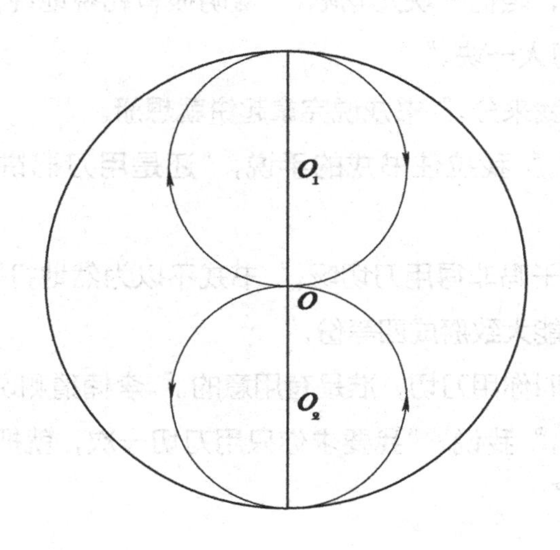

面积是$\pi\left(\frac{1}{2}R\right)^2$，也就是$\frac{1}{4}\pi R^2$，是大圆面积的$\frac{1}{4}$。那么，两个小圆的面积的和是$\pi\left(\frac{1}{2}R\right)^2+\pi\left(\frac{1}{2}R\right)^2=\frac{1}{2}\pi R^2$，就是大圆面积的一半。而大圆剩下的面积也正好是大圆面积的一半。由于两个小圆互相外切，而且都同大圆（整个烙饼）内切，所以三个圆的圆心都在大圆的同一条直径上。由圆关于直径的对称性可以得知，剩下两块的面积相等，每块面积是$\frac{1}{4}\pi R^2$。因此，用这样的‘8’字切法，一刀就可以把饼切成四等份。”

“证明得很好！”我对书戎说，“不过你开头是不相信一刀能切出四等份的！”

“那是我没有好好动脑子想，”书戎不好意思地说，“我证明对了，是受到了‘数学迷’的启发。”

“我们只顾谈话，瞧，饼都快凉了。”我把李楠切好的饼分给大家，每人一块，还端了些菜说：“快吃吧，吃完再接着谈。”

“嘿，这饼真是又酥又香，太好吃了！”贾明满意地赞叹着。

圆桌的直径到底是多少？

吃完烙饼，没等我动手，书戎他们很快地把桌子收拾干净了。贾明刚要把圆桌折叠起来，我拦住他说："这桌子上的几何题可多啦，你们想听吗？"

"想！"三个小朋友一听是几何题，立即异口同声地说："您快说吧！"贾明也忙把桌子重新放好。

"假定这桌子的直径现在不知道，"我提问说，"你们有办法把它求出来吗？"

"有，"贾明不假思索地说，"用尺子一

量就知道了。”

“好吧，”我递给他一把两米长的卷尺，“你就用它量一下吧。”

贾明接过尺子，比画着量了起来。忽然他皱起了眉头，右手揪着自己的头发，嘴里还不住地嘟囔：“90 厘米、92 厘米、95 厘米、94 厘米……哪一个是直径呢？”

书戎一直瞪大眼睛在看贾明量直径，他此时也是双眉紧皱着。看他们一筹莫展的样子，我提醒说：“你们忘啦，圆的直径是一条特殊的弦。它同其他的弦比较……”

还没等我说完，李楠接过去说：“直径最长。”

“对！”我说，“那刚才贾明量的都是什么？”

“都是弦长，”贾明抢着说，“因为直径最长，所以圆桌的直径是 95 厘米。”

“你怎么能保证 95 厘米是最长的弦呢？”李楠追问道。

“我量的呀！”

“你怎么量的？”我也问了一句。

“我是量一次，然后平行地挪开一段距离再量的呀！”

“问题就出在你挪开的那段距离上。”我解释说，“正确的量法应该是，把卷尺的一端固定在圆桌边缘的某一点上，然后拉紧卷尺，使卷尺的另一端沿桌面边缘连续移动，眼睛注视圆桌边缘所量的尺寸。可以看到，开头尺寸在变大，大到一定程度以后又逐渐变小，量出的最大尺寸就是直径。”

听了我的解释，贾明又量了起来：“哦，圆桌的直径不是 95 厘米，而是 100 厘米。”

“这回你算是量对了。”我又提问说，“除了用卷尺量以外，还有别的办法吗？”

小伙伴们立即目不转睛地盯着圆桌，默默地冥思苦想起来。

过了好一会儿，还没人能够想出办法来，我就提示说：“能不能利用墙角是个直角的条件来求？”

贾明的动作迅速，抢先把桌子挪到墙角里，并让桌面边缘紧靠互成直角的两个墙面，然后问道：“叔叔，是这样放吗？”

“对，就是这样。”我点点头说，“你只要在两墙所夹的桌面边缘上任取一点 C，再量出 C 点到两墙的距离，就可以求出圆桌的直径了。”

还是贾明的手快，拿起卷尺就量。他量得从 C 点到两墙的距离分别是 10 厘米和 20 厘米，根据贾明量得的数据，李楠

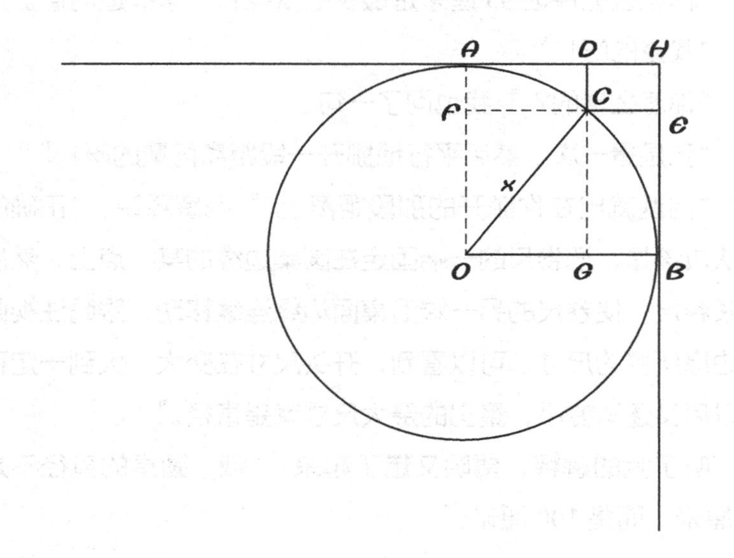

画了一个草图。

看了李楠画的图，书戎也跃跃欲试，说："这下就好求了！"说完他拿出笔就要计算。

"好啦，这回你就让我算吧！"贾明从书戎手里抢过笔边写边说："因为圆桌面边缘紧贴墙面，所以，它们的交点 A、B 都是切点。设两墙的交点是 H。过 A、B 分别作墙的垂线交于 O，就是圆心，那么四边形 $AHBO$ 是正方形。延长 DC 交 OB 于 G，延长 EC 交 OA 于 F，那么四边形 $ADCF$、四边形 $DHEC$、四边形 $EBGC$ 都是矩形。我又量得，$CD = 10$ 厘米，$CE = 20$ 厘米，假如设圆的半径是 x，在直角三角形 COF 中就有：

$OC = x$，$OG = FC = x - 20$，$GC = x - 10$

根据勾股定理有：

$$(x - 20)^2 + (x - 10)^2 = x^2$$

就是 $x^2 - 60x + 500 = 0$。解这个方程，得 $x = 50$ 或 $x = 10$。由于 $x = 10$ 不合题意，所以，桌面的半径是 50 厘米，直径是 100 厘米。"

"嘿，贾明量的结果和算的结果完全一样。"书戎惊叹地说，"真是不简单呐！"

"是啊，贾明计算得很正确，"我禁不住夸奖说，"贾明确实大有进步！"

举一反三巧变桌子形状

“叔叔，您不要夸我了，我还是在您的启发下才想出来的！”贾明不好意思地说。“对啦，您不是说关于圆桌的几何题有很多吗？您就再给我们出一个吧。”

“行啊，”我想了想说，“出个简单的吧！”

“比刚才难点儿也没关系！”贾明踌躇满志地说。

“好吧，”我指着桌子说，“现在这是圆桌，我想把它变成圆方两用桌……”

“嗨，”贾明喜滋滋地打断了我，说，

“我家就有这么一张桌子：中间是一个正方形桌面，四周是可以支起和放下的弓形桌面。”

“对，我要问的是，”我接着说，“要把这张圆桌改成贾明所说的那种桌子，弓形桌面的弦长应该是多少？每个弓形桌面的面积多大？”

我的话音刚落，书戎接着说：“这道题该轮到我算啦！”说着就在纸上画了一个草图。

“好，这回就考一下书戎吧。”我同意说，“书戎第一步做得很对。遇到几何题，一定要先画图，这样有助于思考。尤其在初学几何的时候，空间想象能力还不太强，画图就显得更加重要了。”

“叔叔，我是比较喜欢画图的，”李楠深有体会地说，“我觉得，有时候随着图的完成，证明的思路也就自然而然地出来了。”

“从图可以看出，”书戎指着图说，“弓形的弦长就是正方形的边长，所以，叔叔说的问题现在就转化为求正方形的边长了。”

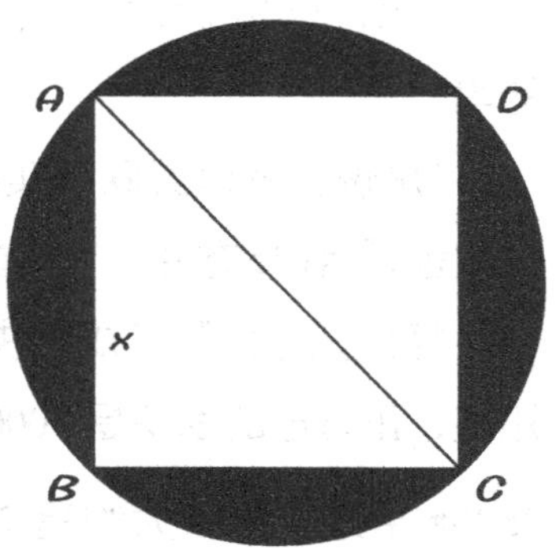

“对啦，”我插话说，“在解几何题的时候，经常会碰到转化的问题，你们要学会这种方法，并熟练地运用它。”

“这样一转化，问题就非常简单了。已经知道圆桌的直径是100厘米……”李楠忘了我让书戎解这个题，不由自主地要往下算。

“喂，‘数学迷’，”书戎大声地打断李楠的话说，“请你不要抢我的‘任务’！”

“哦，对不起，我忘了！”李楠恍然大悟，说，“书戎，还是你算吧！”

“好嘞，我接着‘数学迷’说的往下算，”书戎激动地说，“叔叔要我们求弓形的弦长，其实是圆桌的内接正方形的边长，而正方形的对角线正好是圆桌的直径，也就等于 100 厘米。”

说到这里，书戎在自己画的图上把正方形对角的两点 A、C 用直线连了起来。接着他边写边说：“已知 $AC = 100$ 厘米，又知三角形 ABC 是等腰直角三角形，设 $AB = x$，由勾股定理可以得到 $x^2 + x^2 = 100^2$，就是 $x^2 = 5000$，所以 $x \approx 70.7$。也就是说，弓形的弦长约为 70.7 厘米。”

“这就是直径的$\frac{\sqrt{2}}{2}$倍。”李楠插了一句。

“哎，书戎，”贾明插话说，“开方的时候还有一个负根，你怎么丢啦？”

“嗨，你糊涂啦，”书戎反问说，“弓形的弦长能是负的吗？”

“是啊，做这类联系实际的题目，对根要根据具体情况决定取舍，”我补充说，“对啦，书戎，还有一道题你没算呢！”

“我这就算，”书戎爽快地说，“由刚才算的 $x^2 = 5000$ 可以知道，正方形的面积是 5000 平方厘米。而圆的面积是 $\pi \times 50^2 = 2500\pi$ 平方厘米，大约是 7854 平方厘米。由于 4 个弓形的弦长相等，所以 4 个弓形的面积相等，都等于$\frac{1}{4} \times (7854-5000)$平方厘米，大约是 713.5 平方厘米。”

“算得对呀！”我肯定地点点头说，“从书戎的计算过程我们可以看到，几何同代数的关系是非常密切的。几何的问题最后常常通过转化为代数问题去解决。假如代数学不好，最终还是解决不好几何问题。因此，一定要把几何和代数都学好，还要学会灵活运用。”

“叔叔谈的这一点我体会很深，”李楠说，“有些几何问题要得到解决，根本就离不开代数。另一方面，我体会到要学得灵活，必须会举一反三。”

“你能举个例子吗？”我说。

李楠脱口而出：“例如刚才这个问题，假如要把圆桌改成长和宽是 2 ∶ 1 的长方形桌子，长和宽应各是多少呢？”

“很好！很好！”我赞不绝口，说：“这个问题提得很妙。你们俩要好好地学习李楠的这种学习方法。”

“那我们也成‘数学迷’了！”贾明眉开眼笑地说。

“书戎，你刚才算过内接正方形的边，你能马上回答这个长方形的长和宽各是多少吗？”

“2 ∶ 1，$\sqrt{2^2+1^2}=\sqrt{5}$，长是$\frac{2}{5}\sqrt{5} \times 100$厘米，宽是$\frac{1}{5}\sqrt{5} \times 100$厘米，对吗？”

“不错，你这‘举一反三’的功夫也不赖！”

照亮整个桌面，灯泡要装多高？

“现在该谈别的了吧！”贾明提醒我说。

“且慢，”我说，“我还有一道跟桌子有关的题呢！”

“还有？！”贾明惊奇地问。

“是的！”我直截了当地说，“假如我们天黑的时候吃晚饭，把台灯放在桌子中央，问灯泡离桌面多高，灯光正好照亮整个桌面？”

贾明不假思索地说：“这很简单，把灯打开，调整灯泡的位置，使它正好照亮全桌面不就完了吗！”

“那叫计算吗？”李楠说了贾明一句。

“对呀，我是让你们通过计算，使灯泡一

次就放得符合要求。”我取来台灯，放在桌子上，对贾明他们说：“这是实物，请你们自己找出已知条件，写出解答过程。”说完我又给了他们一把卷尺。

小伙伴们在沉思着，李楠认真得连眼皮都不眨一下。

“要把实际问题转化成为几何或代数问题，有的实物就要看成点、线或面。”我提醒说。

“灯泡就可以近似地看作一个点，因为它是光源。”李楠说。

书戎和贾明都点头表示同意，不过他们并不知道怎样继续计算。

“别忘了先画图，”我再次提醒，“画出了图，再看需要什么条件。”

三个小朋友都低着头刷刷地画起图来。

我问书戎：“你是怎么画的？”

“我觉得李楠画得比较好，”书戎回答说，“这种画法比较全面，有桌面、有光线范围，解题的思路很容易就看出来了。”

“这张图画得台灯罩和桌面的尺寸比例不大对，不过对解题思路没有影响，”我说，“好，这回就让‘数学迷’露一手，你就按自己画的图往下算吧。”

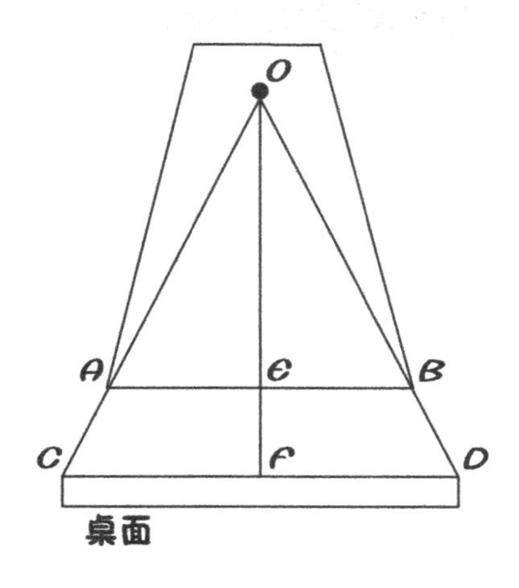

李楠思路清楚地说：“假如灯泡O离桌面的高度如图所示，灯罩下的光线正好照到桌边，CF是桌面的半径，那么我们只

要知道 OE、AE 的长，就可以求出 OF，就是灯泡离桌面的高度了。”

“为什么？”贾明追问道。

“根据三角形的性质可以得出。”李楠说完，拿卷尺量得灯罩的下口半径 $AE=18$ 厘米，灯泡中央离灯罩下口所在平面的距离 $OE=22$ 厘米。接着他边写边说：“因为直角三角形 OAE 和直角三角形 OCF 相似，所以 $\frac{OE}{OF}=\frac{AE}{CF}$，而 $OE=22$ 厘米，$AE=18$ 厘米，CF 是圆桌的半径，等于 50 厘米，因此，$OF=\frac{OE\times CF}{AE}=\frac{22\times50}{18}$厘米，大约等于 61.1 厘米。”

“哦，原来灯泡离桌面大约 61.1 厘米，灯光就能够照亮整个桌面了。”贾明说完就拿起卷尺去量台灯的高度，他想根据李楠算得的数字来进行调整。突然，他吃惊地说：“咦，叔叔，您家台灯的高度正好是 61.1 厘米！”

“这是我昨天晚上刚调整好的！”我说，“实践证明，李楠的计算结果是正确的。”

螺母的形状有什么讲究？

“婶婶回来了！”书戎“眼尖”，第一个看见我爱人推着自行车往家走来，她的车上还挂着两个大西瓜。

“阿姨，”贾明奇怪地问，“您怎么有车不骑呀？”

“唉，别提啦。”我爱人一边晃动前轱辘，一边生气地说：“瞧这前轮，晃动得这么厉害，谁还敢骑呀！”

“哦，是前轴的螺母松了，”我说，“没关系，用扳手拧紧就行啦！”

书戎知道我修车的扳手放在一个硬纸盒里，就麻利地拿出来拧紧了前轴螺母。他刚拧完，我想到了一个可能难住书戎他们的问题，就问："你们知道螺母是什么形状的吗？"

"正六边形！"书戎脱口而出回答说。

"为什么是正六边形，而不是其他的形状呢？"我追问。

"叔叔，"李楠好像在纠正我的问话，说，"我看见过正方形的螺母。"

"对！有正方形的螺母。"我说，"但是，正六边形和正方形的边数都是偶数，而不是奇数，这又是为什么？"

书戎他们还在思考，看来一时不知怎么回答。

"扳手是什么形状的？"我提示他们。

"你们看，扳手开口的两边是平行的，"书戎举起手里的扳手说。

"对啦，因为扳手开口的两边是平行的，所以只有螺母的对边也是平行的，扳手的开口才能同螺母吻合，才能有效地扳动螺母，把它拧紧，"我解释说，"只有边数是偶数的多边形，它们的对边才能平行。边数是奇数的多边形，没有这种平行性。所以，螺母的形状一般是正方形或正六边形。"

"嘿，原来螺母做成什么形状也有讲究，"贾明豁然开朗，说，"以前我还以为做成任意形状的多边形都行呢。"

"在实际应用中，常常正六边形的螺母最多。"

我又问："你们知道这是为什么吗？"

这一问的难度是大了些，一下子把他们难住了，他们的头都摇得像拨浪鼓一样。所以，我只好自问自答了："这得从螺

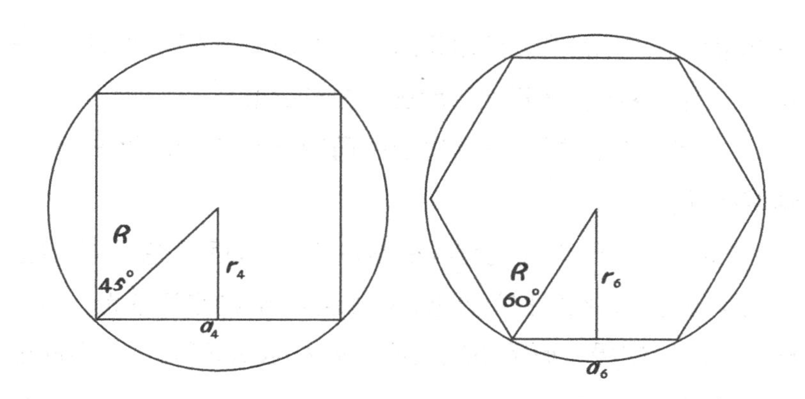

母的用料、结实程度、旋转方便等方面去考虑。”我认真地讲解说，“首先，从螺母的用料方面看，一般地说，螺母都是用圆棒经过铣床铣成的。

“我们设圆棒的半径是 R，那么铣成正方形的时候，它的边长 $a_4=2\times R\cos45°=2\times\frac{\sqrt{2}}{2}R=\sqrt{2}R$；面积 $S_4=a_4^2=2R^2$；边心距 $r_4=\frac{\sqrt{2}}{2}R$。

“铣成正六边形，它的边长 $a_6=R$；边心距 $r_6=R\sin60°=\frac{\sqrt{3}}{2}R$；面积 $S_6=6\times\frac{1}{2}a_6\cdot r_6=\frac{3\sqrt{3}}{2}R^2$。显然，$S_6>S_4$。这说明在螺母厚度相同的情况下，同一圆棒铣成正六边形比铣成正方形去掉的料要少，也就是生产正六边形螺母比正方形螺母更能够充分利用材料。”

“哪种螺母更结实呢？”书戎问。

“关于螺母的结实程度，就要看它们最窄的地方了，”我继续讲解说，“实际上这一点决定于边心距尺寸的大小，而前边我们已经算出 $r_6>r_4$，因此，正六边形螺母最窄的地方比正方形螺母最窄的地方宽，所以正六边形螺母比正方形螺母结实一些。正因为这样，一般都选用正六边形螺母。”

“从使用角度看，正六边形螺母有什么方便的地方呢？”贾明插问了一句。

“这也不是一句话就可以说清楚的，”我回答说，“机器上安装螺母的地方往往空间比较小，扳手活动的空间不大。对于拧正六边形螺母，扳手每次只要扳动 60 度就可以了，而拧正方形螺母，每次要扳动 90 度。再说，扳手柄同扳口通常构成 30 度的交角，用它去拧正六边形螺母，只要把扳手扳动 30 度，再把扳手翻过来扳动 30 度，这样重复几次，就可以把螺母拧紧了。而假如在只能转 30 度角的地方安装正方形螺母，使用扳手就无能为力了。”

“好家伙，螺母形状的学问这么大呀！”贾明不由自主地感叹说。

地板砖的形状能随便切吗？

我家卧室的地面都是用带花纹的彩色砖铺成的，看上去既干净，又漂亮。这些地砖的形状都是正六边形。刚谈完正六边形螺母，书戎便问我："叔叔，为什么铺地的砖也都是正六边形的呢？"

"那可不一定，"贾明说，"我家铺地的砖就是正方形的！"

"叔叔，还有别的形状吗？"李楠问。

"有，"我回答说，"我曾在一位朋友家

看到铺地的砖是正三角形的，拼出的图案也非常漂亮。”

“叔叔，用正五边形、正七边形等形状的砖铺地行不行呢？”贾明问道。

“你们说行吗？”我反问说。

小朋友们想了一会儿，但是没有一个人能给出回答。我只好提示说：“你们仔细看一看，这地面上的砖是怎样铺的？因为涉及的都是多边形，当然就离不开边或者角之间的关系。”

“哦，我知道了！”接着李楠指着地面说，“因为是正六边形，所以相邻的两块砖能够对齐，又因为正六边形的内角角度是 120 度，那么相邻三块砖的三个内角角度和是 360 度，三个内角正好组成一个圆周角。也就是说，相邻的三块砖就能够紧密地组合在一起了。这样，地面就能够完整地铺好。”

“原来如此！”书戎恍然大悟，说，“这个‘正’字可是非常重要的。例如 4 块大小相等的正方形地砖铺成的地面，中间就不会有空隙。”

“李楠和书戎说得对！”我补充说，“同样的道理，6 块正三角形的砖能够紧密地组合在一起；8 块等腰直角三角形的砖也能没有空隙地组合起来。”

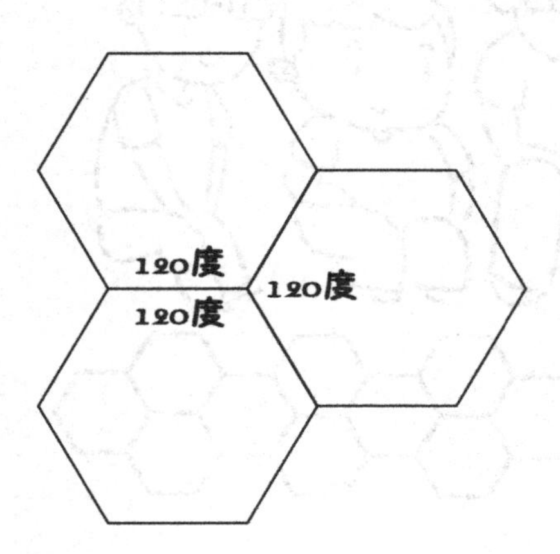

“那么，用其他形状的砖铺地为什么就不行呢？”贾明重复刚才提过的问题。

“因为它们的内角很难组

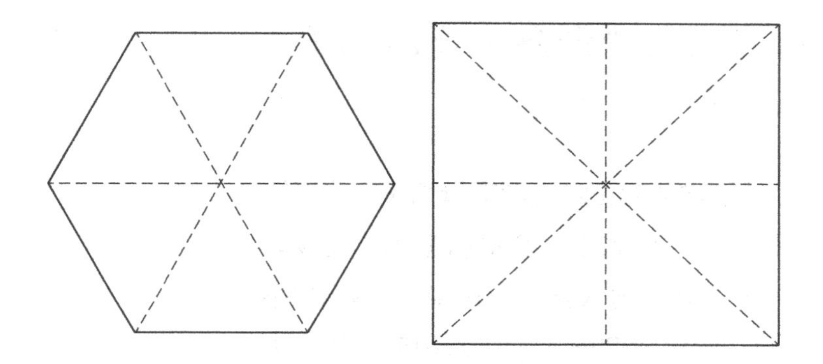

成圆周角，”李楠对答如流地说，“例如正五边形，每个内角角度是 108 度，假如把三块拼在一起，那么三个内角角度和等于 324 度，不足 360 度，砖同砖之间出现了空隙；假如 4 块拼在一起，那么 4 个内角角度和等于 432 度，大于 360 度，会造成砖同砖部分重叠。所以 3 块或 4 块砖都不能紧密地组合在一起，块数再多就更不行了。”

“怎么样，现在你想清楚了吗？”我对贾明说，“其实啊，这个问题你只要稍微动一下脑筋，自己是完全可以做出解答的。”

“嗯，”贾明点点头说，“我刚才没有好好想。”

摆出正六边形最少要用几根火柴？

“刚才谈的正六边形螺母和正六边形铺地砖，使我想到了一个挺有意思的问题。”我一边拿出一盒火柴，一边说：“请你们想一想，用火柴摆出一个正六边形，每根火柴只用一次，最少要用几根？”

“6根！”我话音刚落，贾明就抢答说。

“贾明说得对！”书戎补充说，“因为正六边形的6条边相等，而每根火柴的长度都相等，所以用6根就足够了！”我随手拿了6根火柴，递给贾明说：“好，现在

就请你摆一下。”

贾明摆得很认真，书戎也在一边指手画脚地帮忙，最后他们摆了一个六边形。

“你们能保证这是正六边形吗？”我问道。

还是书戎反应得快，他立即否定说：“不能保证，因为它的 6 个内角不一定都相等。”

这时候贾明吐了一下舌头，显得不大自在。看来他也在后悔自己这次没有好好动脑筋，又说错了。

我有意要鼓励一下贾明，所以没有回应书戎，而是和颜悦色地问：“贾明，你还记得正六边形的定义吗？”

“记得，”贾明像背书似的回答，“各边相等且各个内角也相等的六边形是正六边形。”

“说得对，这是两个缺一不可的条件，”我对贾明说，“你刚才之所以出问题，就是因为只想到了前一个条件，而忘记了后一个条件。”

“叔叔，现在我知道了，最少得用 12 根火柴。”贾明主动“请战”说，“让我再摆一次吧。”

“这回没问题了！”书戎说，“来，还是咱俩一起摆吧。”

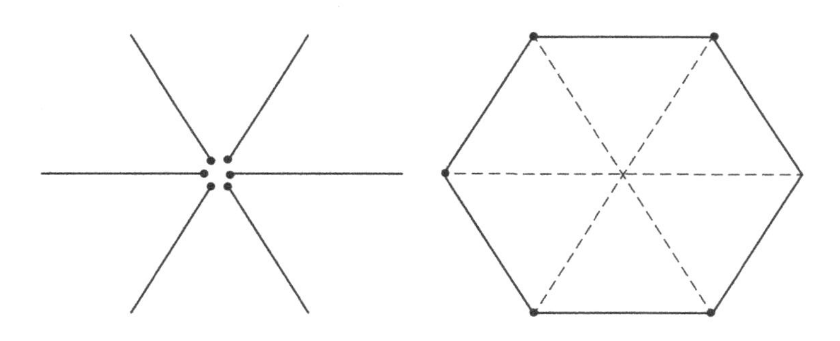

见贾明和书戎先把 6 根火柴的火柴头放在一起，然后再摆上 6 根火柴，使它们同刚才摆的 6 根火柴组成相邻的 6 个正三角形。最后再把中间的 6 根火柴拿走。

“现在，剩下的 6 根火柴组成的六边形，一定是正六边形了！”贾明蛮有把握地说。

“为什么？”李楠故意问了一句。

“‘数学迷’，你也想考我？这回你是考不倒我喽！”贾明胸有成竹地说，“这是可以从正六边形的定义来证明的。6 条边相等，这是显然的。6 个内角相等，可以这样来证：因为六边形是由 6 个正三角形拼成的，所以，每个内角都是相邻两个正三角形的两个内角的角度和，也就是 120 度，换句话说，六边形的内角都相等。这不就证明了我和书戎摆的六边形就是正六边形吗！”

“好，”我喜笑颜开地对贾明说，“这次你真动脑筋了，所以证明得很好。”

我这一表扬，贾明的劲头更大了，迫不及待地催我：“叔叔，您快给我们再出一道题吧！”

推倒火柴盒怎么证明勾股定理？

“好，我这就出题，”我满口答应说，“刚才我们谈了用火柴摆正六边形的问题。那么，火柴盒里是否也蕴藏着什么几何问题呢？”

“完全可能！”李楠猜测说，“因为火柴盒是一个长方体，是很规则的几何体，所以完全可能蕴藏着有意思的几何问题。”

“火柴盒的体积。”书戎说。

“火柴盒的表面积。”贾明也说。

“还可以求对顶点连线的长，”我接着说，“这样的问题当然都是几何问题，但是

它们都比较容易计算。我要提的问题是，从火柴盒的运动中是否可以证明一个重要的几何定理？”

“什么定理？”三个小朋友一起瞪大了眼睛问。

“勾股定理！”我直截了当地说，“我的一位朋友做过这样的尝试：把火柴盒直立，用手一推，火柴盒原地倒下。他说：‘由此可以证明著名的勾股定理。’我开头不信，他当即给我做了证明。你们能想出他是怎样证明的吗？”

说完后，我给他们画了一个侧面图。

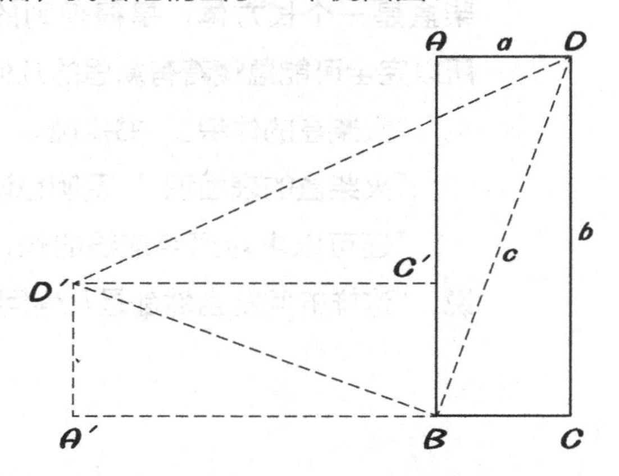

他们都在积极思考，还画了图，添加了辅助线。

“你们还记得勾股定理的内容吗？”我问了一句。

“知道，勾方加股方等于弦方，”贾明背诵似的说，“课本上的说法是，在直角三角形中，斜边的平方等于两条直角边的平方和，即 $c^2=a^2+b^2$。”

“你定理背得很熟，”我对贾明说，“但是，你会不会通过我画的图来证明这个定理呢？”

“不会。”贾明老老实实地摇头说。

“你呢？”我又问李楠。

“我觉得应该从勾股定理的内容和矩形的性质去考虑，”李楠边添加辅助线边说，“首先要找直角三角形，因为火柴盒的侧面是矩形，所以只要连接对角线 BD 就可以得到。”

“对喽，这正是关键的一步！”我肯定说，“有了直角三角形，定理的证明就不难了。”

“我也会证明了！”书戎自告奋勇，请求说，“叔叔，现在就让我接着往下证明好吗？”

书戎看我点点头表示同意，就边说边写地证明：“在直角三角形 ABD 中，设 $AD=a$，$AB=b$，$BD=c$。因为火柴盒就地倒下，所以 $BD=BD'$。可见三角形 $D'BD$ 是等腰直角三角形。因为 $D'A'$ 和 DC 平行，所以四边形 $A'D'DC$ 是梯形。它的面积是三角形 $A'D'B$、三角形 $D'BD$、三角形 BCD 的面积的和，这样就可以得到——”书戎接着在纸上写出式子：

$$\frac{1}{2}(a+b)(a+b)=\frac{1}{2}ab+\frac{1}{2}c^2+\frac{1}{2}ab$$

$$(a+b)^2=c^2+2ab$$

$$a^2+b^2=c^2$$

“这不就证明了勾股定理了吗？”书戎写完上面的式子后说。

“书戎写得相当简练，证明得很好。”我鼓励了书戎两句以后问贾明：“你看懂了吗？”

“懂了！”贾明自豪地回答，“我刚才也是从面积来考虑的。”

“很好！”我总结道，“在一些几何的证明中，从面积来考虑能起到很重要的作用，这个方法你们一定要掌握好。”

“哟，不知不觉已经 3 点 30 分了！”书戎惊讶地嘟囔了一声，请求说，“叔叔，休息一下吧，我脑子不好使了！”

“好吧，休息 15 分钟，”我开玩笑说，“今天没睡午觉，我的脑子也快糊涂喽！”

怎么捆听装啤酒用的捆绳最少？

休息的时候，书戎发现我的多用柜里有 6 听捆着的啤酒。

“叔叔，您干吗一次买这么多啤酒？”

“哦，昨天去超市正好看到这种我比较喜欢喝的啤酒，就多买了几听。”

“啊，售货员的技术真够高的！”书戎一边拿出啤酒，用手提提捆绳，一边钦佩地说，“这么多听捆在一起，还捆得挺紧，一点儿也不松动。”

“要是让你捆，你会吗？”

“我试试。”书戎把捆绳拆开，重新捆了起来。只见他手忙脚乱，把捆绳胡绕一气，忙得满头是汗，最后捆绳不够长了，凑合着打了个结。我们在一旁看了，笑个不停。

贾明提了提书戎捆好的啤酒说：“顾客买了你这捆啤酒，准保到不了家就散了！”

我也开玩笑说：“假如售货员都像书戎刚才那样狼狈，不但浪费了捆绳，还会吓跑顾客！我问你……”

机灵的书戎听出我又要提问题了，就打断了我的话，说：“唉，叔叔，现在咱们不是正在休息吗，您怎么又来‘我问你’啦？”

“好，刚才你逗得我们肚子都笑痛了，还不算休息吗？”李楠说，“叔叔，您问吧。”

“是啊，都 4 点多啦，”贾明也说，“我们开始谈吧。”

“好，少数服从多数！”我故意对书戎说，“你听着，差劲

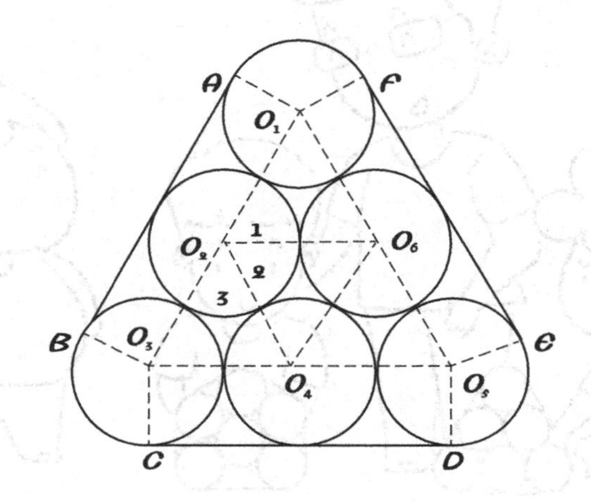

的‘售货员’，假如把这 6 听啤酒摆成三角形，捆一圈，不计绳结的长度，最短需要多长的捆绳？”说完我画了一个图。

“叔叔，酒瓶底的直径您知道吗？”李楠问了一句。

“知道，我已经量过了，等于 10 厘米。”我转身问书戎，“你会计算吗？”

“我试试。”书戎接着低声说，“从这个摆法可以看出，相邻的两个圆是互相外切的，而 O_1、O_2、O_3，O_3、O_4、O_5，O_5、O_6、O_1 分别在一条直线上。”

“为什么？”我插问了一句。

“由圆相切的性质可知，切点都在连心线上。”书戎对答如流，“这些圆又都是等圆，所以三角形 $O_1O_2O_6$、三角形 $O_2O_3O_4$、三角形 $O_2O_4O_6$、三角形 $O_4O_5O_6$ 都是正三角形，它们的内角都是 60 度的，∠1、∠2、∠3 的内角和是 180 度，O_1、O_2、O_3 在同一直线上。同理，O_3、O_4、O_5，O_5、O_6、O_1 也分别在同一直线上。”

书戎接着边算边说：“因为四边形 ABO_3O_1 是矩形，所以 AB 等于 20 厘米。同理，CD 和 EF 也等于 20 厘米。这三段直线的总长是 60 厘米。从图可以看出 $\angle AO_1F = 360$度 − (90度 × 2 + 60度) = 120度。同理 $\angle BO_3C$ 和 $\angle DO_5E$ 也等于 120度。由于这三个角的角度和正好是 360度，所以它们所对的三段弧 $\overset{\frown}{AF}$、$\overset{\frown}{BC}$、$\overset{\frown}{DE}$ 的和正好等于一个圆，长度就是 $10 \times \pi$ 厘米，大约是 31.4 厘米。因此，用这种捆法捆一圈，捆绳最少需要 (60+31.4) 厘米，就是 91.4 厘米长。”

“解得很好！”我夸奖了一句。

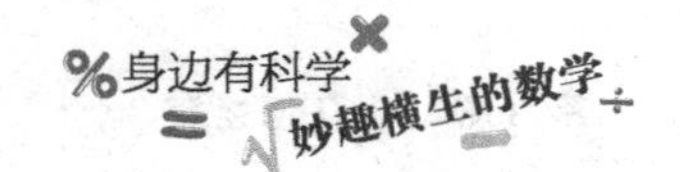

“要是换一种捆法，”李楠一边画图一边问，“捆一圈最短需要多长的捆绳呢？”

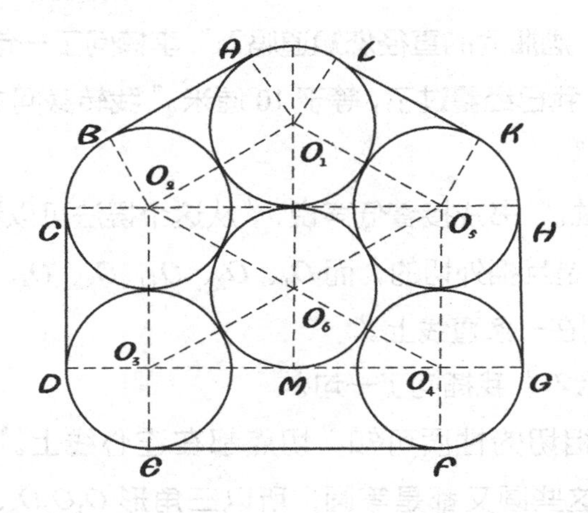

“李楠这个问题提得好！”我肯定说，“这是一种很好的学习方法，改变题目的条件，使它变成一个新问题。当然，这要动脑筋才行。”

“售货员好像就是这样捆的。”贾明回忆说。

“是的，这种捆法比刚才书戎算的要省捆绳，”我对贾明说，“你能把它算出来吗？”

“我也试试，”贾明学着书戎的口气说，“因为相邻的圆互相外切，和书戎刚才所说的方法类似，可以证明：$\angle AO_1L$、$\angle BO_2C$、$\angle KO_5H$ 这三个角各等于60度，而 $\angle DO_3E$ 和 $\angle FO_4G$ 两个角的角度等于90度，所以这5个角的角度和是360度，它们所对的5段弧 $\overset{\frown}{LA}$、$\overset{\frown}{BC}$、$\overset{\frown}{DE}$、$\overset{\frown}{FG}$、$\overset{\frown}{HK}$ 的和正好等于一个圆，长度就是10π厘米，大约是31.4厘米。另一方面，完全可以证明：AB、CD、GH、KL 都等于直径10厘米，

总共 40 厘米。而 $EF = O_3O_4 = 2O_3M$，由勾股定理可知 O_3M 等于 $\sqrt{10^2-5^2}$ 厘米，大约是 8.66 厘米，$2O_3M$ 是 17.3 厘米。所以捆一圈的绳长是 (31.4 + 40 + 17.3) 厘米，等于 88.7 厘米。"

"好！真是'灵机一动，题目翻新；举一反三，锻炼脑筋'。"我随口说了一句顺口溜，逗得小朋友们开怀大笑。

一个跟头摔出来的题目

贾明想喝水，但是暖瓶里没多少水了，我就让书戎到厨房去烧一壶开水。谁知书戎刚进厨房，就“哎哟”地叫了一声，把我吓了一跳。我赶紧走过去看，原来是他被水池边上露出地面一小部分的下水管道绊了一下，差点摔到煤气炉灶上。

“没摔着吧？”我一边关切地问，一边说，“你又不是初来乍到，应该知道这儿有管道，怎么就摔了呢！”

“都怪我慌里慌张的，把这讨厌的管道

给忘了。”书戎自我安慰，“幸亏我动作灵敏，跳了一下，才免遭‘破相’的大难。”

“不过，这也是坏事变成了好事，”我风趣地说，“书戎的一个跟头摔出了一道好题，你们要是回答出来了，我就……”

“再给你们出两道题！”贾明调皮地接着说。

“先不用管两道题还是三道题，”我指着管道说，“现在就请你们算一算这管道的直径是多少。”

我说完，李楠蹲下身子端详管道，琢磨怎样计算。书戎忙着去拿尺子和纸、笔。只有贾明愁眉苦脸地在一旁嘟囔：“这个题怎么算哪？连一个数据也没有。这管道又只露出这么一丁点儿，量都没法量！”

“这就得找你的‘司令官’——大脑帮忙啦！”我摸摸贾明的脑袋说。

过了一会儿，贾明又自言自语：“管道露出地面的部分是一个弓形，要是能量出这弓形的高和弦长就好了。”

“对了，”一直蹲在那里思考的李楠开口了，“可以这样来量……”

“怎么量？”贾明心急地问。

“只要有三根细直棍就行。”李楠随手从筷笼里拿出了三根筷子，慢条斯理地边比画边说：“让两根筷子紧贴着管道的两侧，直立着；再让第三根筷子同管道水平相切，这不就把弓形的高和弦长都量出来了吗？”

“妙！妙！”贾明赞叹不已。

“可见，从一个实际问题中找出条件，不是一蹴而就的。”

我插了一句。

书戎和李楠配合，量得弦长是 6 厘米，高是 1 厘米。

“有了数据，具体计算就不费吹灰之力了！”李楠画了一个图，在图上填上数字，胸有成竹地说，“设管道的半径是 R，根据量得的数值和勾股定理，有 $(R-1)^2+3^2=R^2$，化简得 $2R=10$，也就是说，管道的直径是 10 厘米。”

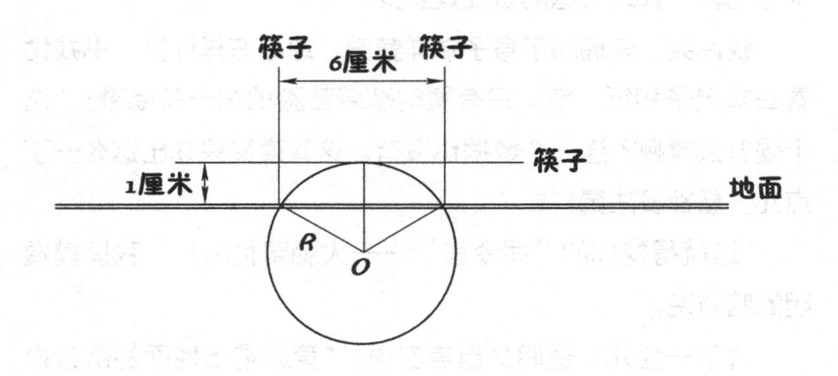

李楠算完，我就问书戎和贾明：“你们说这个题难不难？”

“难！”贾明经过深思熟虑后说，“难就难在数据不容易找。”

“贾明说得对，”我总结说，“单纯从计算来看，这个题很容易。但是这是一个实际问题，难就难在问题的转化上，需要开动脑筋，花时间寻找条件和数据。不肯动脑筋，做这样的题时就会觉得‘难于上青天’！”

折叠扇上的几何题

算完管道直径，我有点犯愁，试探着问他们：“咱们接着谈些什么呢？”

“哎，叔叔，您刚才不是还说再给我们出两道题吗？”

说来也巧，还是刘畅给我解了围。这时候他从姑姑家回来了，一进门就把一把崭新的折叠纸扇递给我，兴高采烈地说：“爸爸，这扇子是姑父乘飞机的时候送的，可漂亮啦，他送给我了！”

“有啦！”我没有理睬刘畅，右手举着扇子对贾明他们说：“我要给你们出的题就在这把扇子上呢！”

书戎拿过扇子，打开一看，皱着眉头说：“扇子不就是一个扇形吗？扇形的题谁不会算！”

“是吗？”我加重语气说，“可别夸海口！”

说完我又拿出一把精致小巧的绸面扇，这是上个月一位南方朋友送我的工艺品。我一边用尺子量两把扇子的尺寸，一边报数说：“纸面扇的扇骨长 30 厘米，扇子的纸面长占扇骨的一半；绸面扇的扇骨长 10 厘米，绸面长也占扇骨的一半。现在我要请你们回答，纸扇扇面面积同绸扇扇面面积的比值是多少？”

“因为 $30 \div 10 = 3$，所以它们面积的比值是 3！”书戎不假思索地回答。

“对吗？”我追问了一句。

书戎看见李楠和贾明在暗暗发笑，摸着自己的脑袋说：“难道这样算不对吗？”

“你又犯粗心大意的毛病了！”我不满地说，“看你刚才那夸海口的样子，我就估计你会出错。”

“那就让我再算一次吧。”书戎拿起扇子比画了几下后说，“用三把扇子正好能组成一个圆，这就是说，扇子的张角是 120 度，或者说是 $\frac{2}{3}\pi$ 弧度。”他边说边在纸上画了个图。

“行，很好！”我喜形于色，鼓励说，“就这样往下算吧。”书戎聚精会神地边写边说：“设纸面扇和绸面扇的扇面面积分

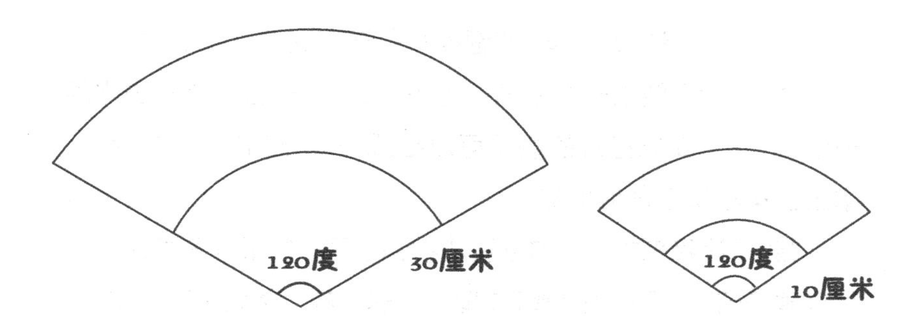

别是$S_{纸}$和$S_{绸}$，由扇形的面积公式可以得到——”接着他写出了下面的式子：

$$S_{纸}=\frac{1}{2}\cdot\frac{2}{3}\pi\cdot30^2-\frac{1}{2}\cdot\frac{2}{3}\pi\cdot15^2=\frac{\pi}{3}\left(30^2-15^2\right)$$

$$S_{绸}=\frac{1}{2}\cdot\frac{2}{3}\pi\cdot10^2-\frac{1}{2}\cdot\frac{2}{3}\pi\cdot5^2=\frac{\pi}{3}\left(10^2-5^2\right)$$

所以$\dfrac{S_{纸}}{S_{绸}}=\dfrac{\frac{\pi}{3}\left(30^2-15^2\right)}{\frac{\pi}{3}\left(10^2-5^2\right)}=\dfrac{15\times45}{5\times15}=9$。

“也就是说，纸面扇扇面面积是绸面扇扇面面积的9倍。”

“这回算对喽！”李楠接着言简意赅地说，“扇面的面积比不等于扇骨的长度比，而是等于扇骨长度的平方比。”

我看书戎算完题低下了头，就安慰他说：“在学习中出错是常有的事，只要善于总结教训就行。瞧，现在你不是算对了吗？这就叫‘吃一堑，长一智’！面积的比等于相应的长度的平方比，在许多情况下都是这样，那次称地图算面积不也用到了地图比例尺的相似比的平方吗？”

“叔叔，您还欠我们一道题呢！”贾明又催促说。

“好，我还要出一个跟扇子有关的题。”接着，我一边比画一边说，“用 5 把打开的扇子可以组成一个五角星，你们谁来求出五角星每个角的度数？”

“还是让我来求吧，这回我决不粗心了！”书戎争着说。他拿起扇子扇了几下，眼睛盯住扇子沉思片刻，然后画了一张图，边写边说：“由于 5 把扇子是相同的，所以得到 5 个全等的等腰三角形：三角形 *ABF*、三角形 *BCG*、三角形 *CDH*、三角形 *DEK*、三角形 *EAL*。这些等腰三角形的每个底角的角度是 (180 度−120 度) / 2 = 30 度。正五边形 *ABCDE* 的每个内角的角度是 [（5-2）× 180 度 /]5= 108 度。所以五角星的每个角的角度是 108 度 −30 度 × 2 = 48 度。”

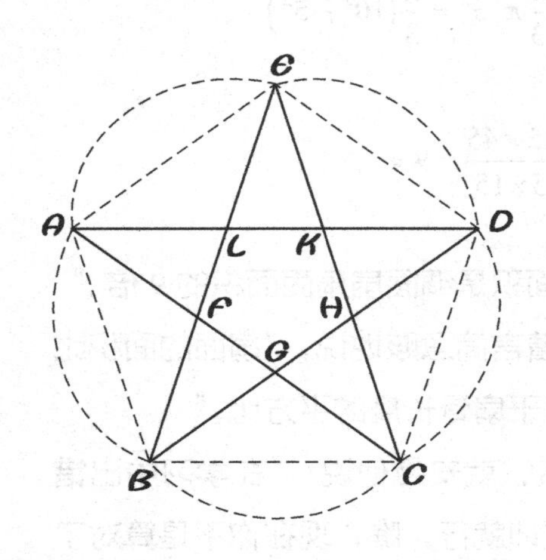

“好，又算对了！”我高兴地说，“看来认真还是不认真，细心还是粗心，结果大不一样啊！”

“我粗心的毛病比书戎还厉害，”贾明坦率地说，“以后我们一定改掉这个坏毛病！”

9块西瓜怎么有10块瓜皮？

都快5点了，天气还是那样闷热。也许由于小朋友们都在专心致志地讨论问题，因此即使热得汗流满面，也没听见他们嚷嚷。看到他们这样好学，我确实很感动。这时候，我突然想起我爱人买回来的两个西瓜，就对书戎说："你婶婶买回来的西瓜在冰箱里呢，你快去把它拿来，我们吃点西瓜再谈。"说完，我就去取刀了。

书戎拿出一个大西瓜放在桌上，又从我手里接过刀，正准备切瓜，我拦住他说："先别忙着切，等我给你们提完一个关于西

瓜的问题以后再切。”

一听是关于西瓜的数学问题，李楠立即说：“叔叔，您快说，是什么问题？”

“对，答完问题再吃西瓜！”贾明笑着说，“谁答错了，就取消他的吃瓜‘资格’。”

“好，你们看着，”我一手扶住西瓜，一手拿刀比画着说：“假如我先横切两刀，再竖切两刀，那么吃完瓜以后，会有几块西瓜皮？”

“嗨，这叫什么问题！”贾明乐不可支地说，“算出共切成几块瓜，就有几块皮呗！”

书戎也说：“这题也太简单了！”

只有李楠没有吭声，他的眼睛一直盯着西瓜。

我问贾明和书戎：“那么，你们就说说一共可以切出几块西瓜皮？”

“9 块，”书戎不假思索地说。

“对，”贾明接着说，“是 9 块西瓜皮。”

“不对！是 10 块西瓜皮。”李楠说。

“真神呐，‘数学迷’！ 9 块瓜，10 块皮！”贾明冲李楠嘻嘻地笑着说。

“我吃了那么多西瓜，从来都是一块瓜一块皮，”书戎也说，“除非你故意把一块皮掰成两块！”

“你吃瓜是怎么切的？”我插问了一句。

“这跟怎么切还有关系？”书戎反问。

“对啦！”李楠回答说，“切法不同，结果就不一样。”

“李楠说得对。”我强调说，“每遇到一个问题，不能老凭经验，想当然地回答。”

“反正我想不出来是 10 块！”书戎嘟囔。

“干脆我们实践一下吧！”我把刀递给李楠，让他来切。

“好！”李楠接过刀，麻利地切了起来。他先是横着切两刀，把西瓜切成 3 截，然后把瓜立起来，让书戎帮忙扶着，又竖着切两刀。切完后他一边把瓜分开，一边解释说：“这上下两块经过竖切两刀以后，各分成了 3 块，每块西瓜只有一块皮所以共有 6 块皮。而中间呈鼓形的一块，竖切两刀以后，也分成 3 块，但是中间的一块西瓜有两块皮。因此，横、竖各切两刀，吃完西瓜以后，共有 10 块西瓜皮。”

“原来如此！”贾明感叹道，“刚才我糊涂了，现在结合实物，一看就明白了。”

“这也是学习几何的一个特点。”我接过话说，“你们在学习中一定要尽可能结合实物想象，培养自己的空间想象能力。这样锻炼到了一定的程度，没有实物，你们也可以想象出实物的形状。看来李楠的空间想象能力比较强。”

“我们一定向‘数学迷’学习！”贾明调皮地说，“现在就让他多吃两块西瓜，以作奖励！”

“别贫嘴啦，快吃瓜吧！”我催促小朋友们，“吃完了好继续谈呀！”

贾明想着刚才回答错了，不好意思去拿西瓜，我说：“贾明，吃吧，你现在不就知道怎样答了吗？”

不一会儿，一个大西瓜就被我们“消灭”了。

一道“匪夷所思”的问题

吃完西瓜，我从书架上拿出刘畅玩的魔方，给书戎他们出了一道简单的怪题：“这个魔方的边长是 6 厘米，要想在和这个魔方一样大小的方木块上打一个圆洞，使直径是 7.5 厘米的球能顺利通过，请你们……”

“这怎么可能呢？”没等我把话说完，贾明打断了我的话，脱口而出，“叔叔，您分明在故意逗我们！”

“可不是吗？”书戎也插嘴说，“要在边长只有 6 厘米的方木块上打出一个直径

大于 7.5 厘米的圆洞，这简直是异想天开！”

李楠比较稳重，他从我手里接过魔方，目不转睛地端详起来。

“你们先别忙着下结论，”我郑重其事地告诉书戎和贾明，“要知道，思考比较难的数学问题，切忌‘想当然’。”

“叔叔，您说的问题明摆着是不合理的，”书戎分辩说，“要打的圆洞的直径比方木块的边长还要大 1.5 厘米，硬要打的话，打完以后方木块就分成 4 块啦！”

“我要你们开动脑筋，按要求想方设法打洞。”我说，“这个直径比方木块边长还长的圆洞，肯定可以打得出来！”

“叔叔，这个圆洞是不是这样打的？”李楠指着魔方的一个顶角试探地问，“从这个顶角向相对的另一个顶角打过去。”

“怎么，‘数学迷’有办法啦？”贾明和书戎不约而同地问。

“李楠，把你的想法再说得具体一些。”我听他好像有思路，就鼓励说。

李楠拿起笔先画一个图，标上字母，然后鼓足勇气，有模有样地分析：“从方木块的一个顶角 D 向相对的顶角打洞，这个洞的直径可以大于 7.5 厘米。这是因为当顶角 D 同相对顶角的连线跟纸面垂直的时候，方木块在纸面上的投影是一个正六边形。而这个正六边形相对两边间的距离，恰好等于方木块一个面的对角线长度……”

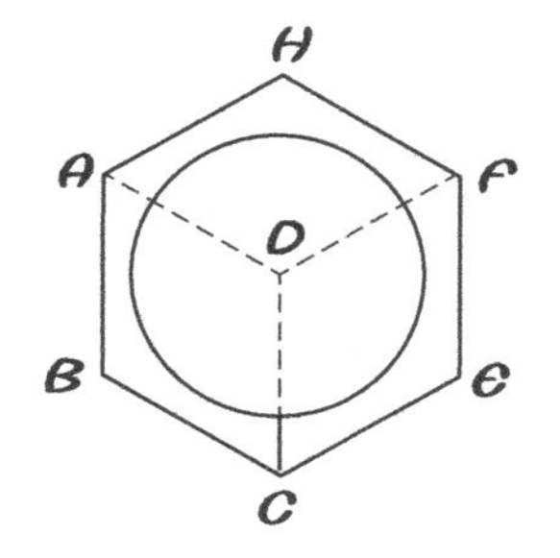

“‘数学迷’说得有理！”书戎打断了李楠的分析，恍然大悟，接着说：

“例如边 AB 和边 EF 之间的距离是 $\sqrt{6^2+6^2}$ 厘米 $=6\sqrt{2}$ 厘米，大约是 8.5 厘米。要在这么大的距离上，打出直径比 7.5 厘米稍大一些的圆洞是有可能的。”

“怎么样，我既不是故意逗你们，也不是异想天开吧？”我再一次强调，“对于一些‘匪夷所思’的数学问题，没有经过透彻地思考，切勿轻率下结论！”

想照出全身，镜子要多高？

谈完在方木块上打洞，书戎站在大衣柜的镜子前愣住了。

“喂，书戎，你在想什么？”我问道，“还在想美妙的 0.618 吗？”

“想您写的《身边有科学：包罗万象的物理》里的一个问题，”书戎回忆说，“您在书里写道：‘要照出全身，镜子的长度只要等于身长的一半就行了。’这是为什么呢？”

“这是由镜子的性质决定的呗！”贾明

不以为意地说。

“你们能不能用几何来证明一下呢？”我趁机提问。

“光学的性质能用几何来证明？”贾明反问。

“对！数学早已渗透到科学的各个领域，物理学和它的关系，好像鱼和水一样不可分离，”我说，“请你们好好想想怎么证明。”

说完我从书架上取出《身边有科学：包罗万象的物理》递给贾明。李楠和书戎都凑过来看书上的插图。但是看了好一会儿，谁也没有吭声。

“怎么，不会证明？”我“画龙点睛”地提示说，“先得把物理问题转化成为数学问题，把图里的人看成是一条线段。”

“哦，是这样！”李楠画了一张图，恍然大悟，说，“图上线段 AB 长是人的身高，E 代表眼睛……”

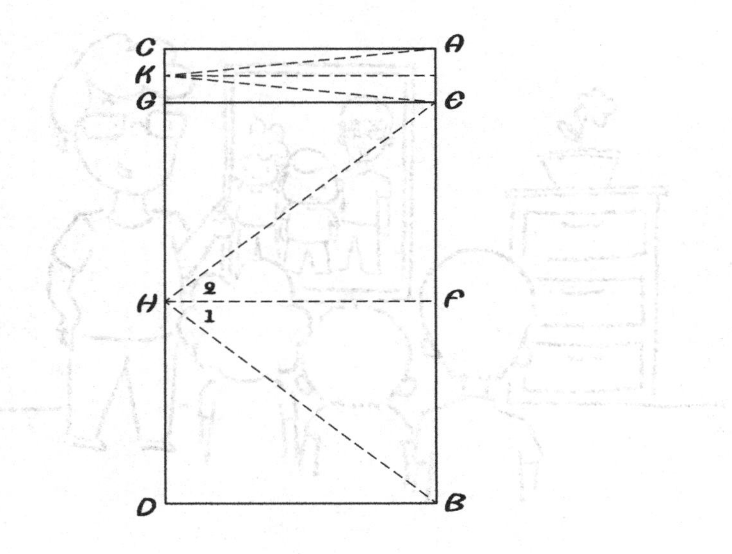

“这么说，只要证明 KH 等于 $\frac{1}{2}AB$ 就行了，”书戎也开窍了，他打断李楠的话，心领神会地说。

“是这样，”李楠继续说，“不过为了证明简单，我们可以以眼睛为界。由于从眼睛出发的光线经过镜子反射后，按原路返回眼睛，也就是入射角和反射角都是零，EG 垂直于 CD。所以只要证明 GH 等于 $\frac{1}{2}EB$，同理就可以证明 KG 等于 $\frac{1}{2}AE$。”

“说得好！”我转头问一直在看图凝思的贾明：“贾明，现在你会证明吗？”

“差不多会了。”贾明点点头说。接着他认真地证明了起来，边写边说：“设从点 B 出发的光经镜子反射到点 E，HB 是入射线，HE 是反射线。由于 HF 是法线，反射角等于入射角，所以 $\angle 2$ 等于 $\angle 1$。又因为镜子和人平行，即 CD 平行于 AB，所以 HF 垂直于 EB。这样，就可以知道三角形 EFH 和三角形 BFH 两个三角形全等，于是可以得到 $EF = FB$。又因为 EG 平行于 FH，所以 $EFHG$ 是矩形，EF 等于 GH，可知 GH 等于 $\frac{1}{2}EB$。同理可以证明 KG 等于 $\frac{1}{2}AE$。所以 KH 等于 $\frac{1}{2}AB$。这就证明了镜长是人高的 $\frac{1}{2}$。”

“这不证明得很好嘛！”我拍拍贾明的肩头说，“你刚才怎么不敢直接说‘会’，还要加个‘差不多’？”

用时针和分针三等分已知角

李楠抬头看钟，现在已经 6 点了。他双眼凝视着钟面，我估计他又在思考什么问题。

“时间不早了，”我说，“最后再出一个关于钟的问题，你们还有兴趣吗？”

“有！”小朋友们不约而同地大声回答。

“那你们仔细地听着，”我慢慢地说，

“给你们一个已知角，能不能用钟的分针和时针对它进行三等分？”

“不可能！”贾明断然地回答，“我们老师一再强调，用圆规和直尺三等分已知角是绝对做不到的！”

“很对！用圆规和直尺是不可能三等分已知角的。”我先肯定了他的话，接着问道：“那么，用半圆仪能不能分呢？”

“这自然可以。”李楠回答说，“但是有些也只是近似地三等分。”

“好！回答得很严密，”我肯定地说，“但用钟一定能够三等分已知角！”

“分针和时针有什么关系呢？”贾明喃喃地说，“哦，分针转一圈，也就是转过 60 格，时针才转过 5 格。……”

“对了，60 ∶ 5，等于 12 ∶ 1，也就是说，时针转过的角度是分针转过角度的$\frac{1}{12}$。”书戎接过贾明的话说，“可是，这跟三等分已知角又有什么关系呢？”

“这个比是非常重要的！”我提醒他们说，“既然要用钟来分，就得把角和钟联系起来考虑。”

小朋友们都紧皱眉头，全神贯注地思考。在他们交头接耳地议论了一阵以后，李楠请求说：“叔叔，我们实在想不出来了，您就告诉我们吧。”

“好吧。”我答应说，“$\frac{1}{12}$是很重要的，4 个$\frac{1}{12}$就是$\frac{1}{3}$，这是我们解题的基础。具体等分过程是这样的，先在较透明的纸上画好已知角，把钟表的时针和分针都拨到‘12’的位置。再把已知角的一边同两针重合，并且让角的顶点同针轴重合。然后拨动分针，使它同角的另一边重合。这时候，时针所转动的角度正好是已知角的$\frac{1}{12}$；再使分针转动已知角的3倍的角度，这时候时针所指的位置恰好同已知角的$\frac{1}{3}$角的一边重合；再让分针转动已知角的4倍的角度，这时候时针所在的位置恰好同已知角的另一条分角线重合。”

“这种分法其实并不难，我怎么就没有想出来呢？”李楠后悔地说。

“叔叔，您这三等分已知角的方法我懂是懂了，”书戎支支吾吾地说，“但是，我觉得它的实用价值不大。”

“是的，实用价值的确不大。”我承认，“不过，它却能锻炼和培养人们的逻辑思维能力，从这一点上说，它又很有价值。要知道，学习数学，并不要求每一个题都有具体的数学意义和实用价值。数学，尤其是几何，还可以培养我们的逻辑思维能力，有些题目的作用就是这个。这一点也要请你们注意。否则，盲目追求实用价值是会影响你们学习数学的积极性的。”

“谢谢您，叔叔，”李楠说，“您让我们又懂得了一个道理。”

一根竹竿巧量门

谈完三等分已知角以后，我发现小朋友们兴致未消，还有跃跃欲试的势头。按理说我不该打击他们的积极性，使他们扫兴。但是由于时间实在太晚了，我不得不遗憾地征求意见，说："今天咱们不停嘴地谈了一整天，就到此告一段落吧。……"

谁知我的话还没说完，贾明就叫了起来："不怕，再晚我们也不怕。"

“不是你们怕不怕的问题，而是这么晚了，你们的爸爸妈妈会不放心的。”我耐心地解释。

“没关系，我们经常因为学习和讨论问题晚回家。”李楠也说。

“叔叔，您就再给我们出一道题吧！”书戎伸出食指撒娇地说，“就一个！”

贾明激动而又诙谐地说：“叔叔，请您一定再出一道题让我来做，我保证独立把它做好。您要是不答应，今晚我连觉都睡不着。”

“问题真有这么严重吗？”我笑着说，“好吧，为了让贾明今晚睡一个安稳觉，我就出最后一个题！”我把“最后”二字说得特别重。

“叔叔，您可别出太难的，让贾明‘砸了锅’。”书戎开玩笑说。

“那当然喽，”我说，“不过也不能太容易了。”

“叔叔，您快出吧，难一点也没关系！”贾明“求战”心切地说。

我随即找来一根竹竿，对贾明说：“我要出的题就是请你用这根竹竿量出这扇门的高和宽。”

“这怎么量呀？竹竿又不是尺子，”书戎打抱不平说，“叔叔，您这不是成心要贾明‘砸锅’吗！”

我看贾明站在那里发窘，就赶紧劝慰说：“贾明，我的题还没有说完呢，你不要紧张，叔叔不会为难你的。”说完我让他先用竹竿量一下门的对角线。

“真巧，”贾明细心地量完，说，“竹竿的长正好和门的对角线长相等。”

“现在你用竹竿量一下门高，”我又递给贾明一把米尺说，“再用米尺量出竹竿所剩的长度。”

“剩 16 厘米。”

“最后你量一下门的宽，同样量出竹竿剩下的长度。”

贾明请书戎帮忙拿住竹竿，量出剩下的长度是 128 厘米。

“好啦，”我说，“就根据这些数据，请你算出门的高、宽以及竹竿的长度。”贾明凝思片刻，先在纸上画了一个图。李楠和书戎站在一旁目不转睛地看着。

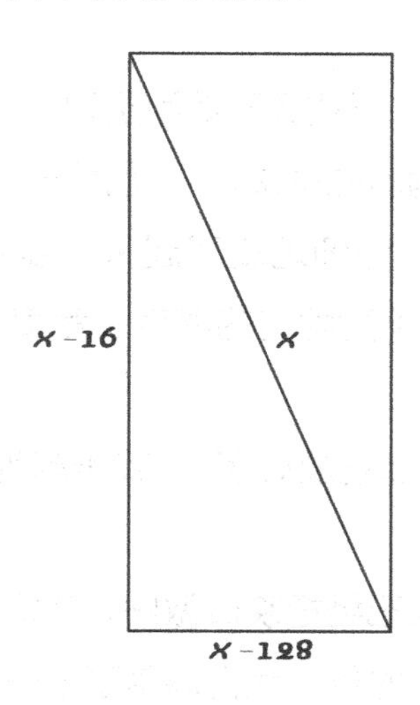

“嗨，这个题真的不难！”贾明边写边说，“设竹竿长是 x 厘米，根据刚才我量得的数据，门宽是 $(x-128)$ 厘米，门高是 $(x-16)$ 厘米。因为门是矩形的，每个角都是直角，所以由勾股定理得——”贾明接着在纸上列出方程，演算起来：

$$(x-16)^2+(x-128)^2=x^2$$

$$x^2-288x+16640=0$$

$$x_1=208，x_2=80$$

所以，门高是 208−16 = 192(厘米)，门宽是 208−128 = 80(厘米)；或门高 80−16 = 64(厘米)，门宽是 80−128 = −48(厘米)。

“但是这后一种答案不能成立，门宽不可能是负值，应该舍去。因此答案是：竹竿长 208 厘米，门高 192 厘米，门宽 80 厘米。”

“你算得对吗？”书戎怀疑地问贾明。

“这好办，”李楠出主意说，“我们量一下就知道了。”

书戎拿起米尺，仔细地量了起来。量完，他大吃一惊地说：“贾明的计算结果竟同门的高度、宽度以及竹竿长度完全一样！”

“很好，这一下我就放心了，”我幽默地说，“今晚贾明可以睡一个好觉啦！”

这时候，我爱人已经把晚饭做好，我执意要小朋友们吃完晚饭再回去。吃饭的时候，我们商量了下一次谈话的时间和地点。李楠说：“我爸爸妈妈都到外地工作去了，只有爷爷奶奶在家，就到我家去谈吧。”

最后我们一致同意，下个星期天 8 点去李楠家继续谈身边的数学。至于秦老师，由我去找他商量，争取让他挤出时间参加。不过小朋友们对我很信任，相信我跟他们也可以谈好。所以贾明说：“秦老师能参加，当然是很理想的。要是他实在来不了，我们也照谈不误。”

“好，一言为定！”小伙伴们离开我家的时候齐声说，“下个星期天再见！”

第 4 章 妙题世界

说来也巧，秦老师在“中学数学教师培训班”上的课于星期六讲完了，所以我一找他，他就一口答应星期天一定参加谈话。我们约好8点准时到李楠家。

我是骑自行车去的。谁知才7点30分，三个小朋友就来到离李楠家不远的一个车站等我了。他们一见我，忙问：“今天秦老师还是来不了吧？”

“不，他能来！”我的话音刚落，一辆公共汽车就进站了，只见秦老师满面春风地下了车。

“秦老师，您好！”小朋友们兴高采烈地迎上去，拉住秦老师的手齐声说，“我们可想您啦！”

“是啊，他们都夸你把数学谈得娓娓动听，妙趣横生，”我笑着对秦老师说，“上星期天我‘客串’了一次，谈身边的几何，把我搞得可紧张啦。今天好了，我只给老兄你跑跑‘龙套’。”

“哎，你怎么能这么说呢？”秦老师不同意我的话，“今天还是咱俩一起谈嘛！”

“老师，今天谈什么呢？”李楠边走边问。

“我看今天咱们不专门讲哪一类的题了，就来一个‘碰到什么讲什么’吧，好不好？”秦老师回答。

“好！”贾明故意提高了嗓门说，“一切都听您和叔叔的安排！”

没有秤也能把牛奶分均匀？

我们说说笑笑地来到了李楠的家门口。李楠的爷爷正在喂鸡，奶奶也在那里帮忙。见我们进院，两位好客的老人家就迎过来了，把我们领进屋里。李楠把我和秦老师介绍给爷爷和奶奶以后，拿起桌上的一个大茶缸就要沏茶。奶奶忙拦住他说："你用茶壶沏吧，茶缸装牛奶啦。"

李楠问："奶奶，您怎么把牛奶放在茶缸里呀？"

"嗨！"奶奶解释说，"早晨我和东院你王奶奶一块儿到商店去，我带个茶缸想

买点黄酱。在路上正好遇到送牛奶的师傅，我们俩都想买一点，可她没有带瓶子，就都装在咱家的茶缸里了，说‘回来再分’。咱家这茶缸装满的话能装两斤牛奶，我就和她每人买了一斤，正好满满一缸。幸好我这茶缸配了一个塑料盖，盖得紧紧的，拿回家一点儿没撒。这不，她把瓶子拿来又找秤去了。”

听到这儿，秦老师接过茶缸和瓶子说：“大妈，分这牛奶不用秤也行，我帮您分吧。”

“老师，不用秤怕分不准，”奶奶担心地说，“要是让王奶奶吃亏了，也不好。”

“大妈，您老就放心吧，”秦老师胸有成竹地说，“我保证分得公平合理。”

可以看得出来，小朋友们和我一样，心里都有点儿纳闷：茶缸和瓶子都没有刻度，不用秤怎么能分得准呢？

只见秦老师端起茶缸，对着王奶奶家的瓶子像变魔术似的倒了起来。他不时地注意着茶缸里面的牛奶。倒着倒着他突然停住了，说：“好了，现在瓶子里的牛奶是一斤，茶缸里剩下的也是一斤。”

我们几个都被秦老师分牛奶的方法震住了。书戎忍不住问：“秦老师，您是凭经验用眼睛估计出来的吧？”

“不是，我是借助数学概念，用科学的办法准确地分出来的。不信，我给你们画个草图，你们一看就明白了。”说着他就在纸上画了一个图。

等秦老师把图画完，我们都豁然开朗了。原来他是根据茶缸的“对称性”来分的。

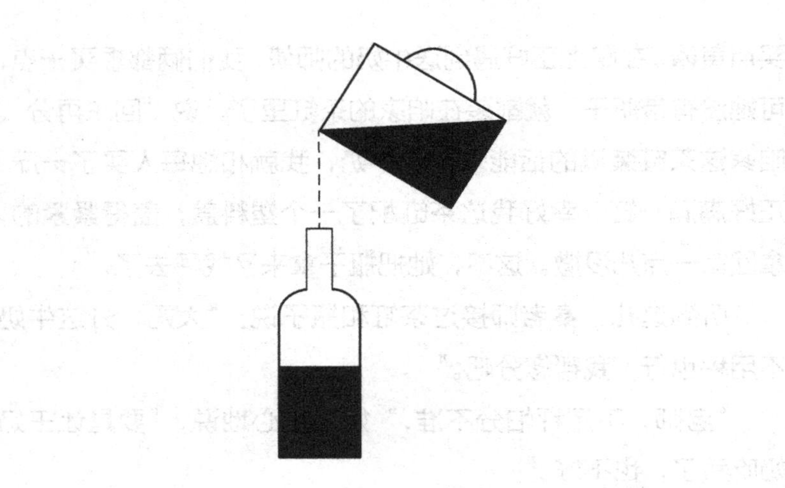

“还是老师聪明！”李楠的奶奶也听懂了秦老师的分牛奶妙法，赞叹道，“小楠，你可要好好向老师学习啊！”

不增加篱笆长度也能扩大鸡场？

屋里太闷热了，我们几个来到院里看李楠的爷爷喂鸡。鸡被圈在一个用篱笆围成的矩形场地里，它们在里边争着啄食，好不热闹。

我走到李楠的爷爷身边问："大伯，您老一个人养了这么多只鸡，忙得过来吗？"

"这还算多？"老人家爽朗地说，"要不是因为场地太小，我还想多养呢！"

贾明指着篱笆里的一块空地说："李爷爷，您看，那不是还有地方吗？再买一些鸡放进去，

不就行了吗？”

“那怎么行呢！”老人家认真地说，“乡里的养鸡专家说了，一般情况下，一只鸡要给它 1 平方尺（1 平方尺 = 0.1111 平方米）的活动地方。我这鸡场长 4 丈 8 尺（1 丈 = 3.3333 米，1 尺 = 0.3333 米，1 丈 = 10 尺），宽 8 尺，养了 384 只鸡，正好一只鸡分到 1 平方尺，不能再多放了。”

秦老师接过去说：“您不会把场地扩大吗？”

“不行啊，”老人家把手一摊，摇摇头说，“我这篱笆就这么长，没法再扩大了。”

“不，”秦老师出主意说，“您只要把长和宽的比例稍微改变一下，不需要加长篱笆，场地也会变大的。”

“不可能吧？”老人家疑惑地说，“这 11 丈 2 尺长的篱笆是固定的，长和宽的比例再变，也变不出比这更大的场地呀。”

“肯定能把场地变大，”秦老师斩钉截铁地说，“等我们算一下，算完马上就帮您改过来。”

老人家喜笑颜开地说：“要是真能扩大，那敢情好！”

这时候李楠早已从屋里拿出纸和笔递给秦老师，书戎和贾明也都凑到秦老师跟前。

秦老师问道：“你们说这件事归到数学上应该是一个什么样的问题？”

李楠想了想说：“是不是当一个周长是 112 尺的矩形有最大面积时，它的长和宽应该是多少尺的问题？”

“对，就是这个问题，”秦老师说，“不过我们只要把矩形的长算出来，宽也就随着定了。所以，我们可以只设矩形的长

是 x 尺。”

书戎抢着说：“那矩形的宽就应该是 $(112 \div 2 - x)$ 尺，也就是 $(56 - x)$ 尺。”

秦老师又说：“如果设矩形的面积是 y 平方尺，那就有——”接着写出了一个式子：

$$y = x(56 - x)$$

“可是，怎么从这个关系式求出 y 的最大值呢？”贾明小声地嘀咕。

“有啦，”李楠一挥手说，“用配方的方法吧！”说完他就在纸上算了起来：

$$\begin{aligned} y &= x(56 - x) \\ &= -x^2 + 56x \\ &= -(x - 28)^2 + 784 \end{aligned}$$

“妙极了！”看了李楠的计算，书戎高兴地说，“现在很清楚，当 $x = 28$ 的时候，y 有最大值，就是 $y = 784$。也就是说，鸡场的最大面积等于 784 平方尺。”

贾明接下去说：“这么说来这个鸡场的长应该是 28 尺了，这样宽是 $(56-28)$ 尺，也是 28 尺。哦，长和宽一样！因此，用这个篱笆重新围一个边长为 28 尺的正方形，所得到的面积最大。”

“你们算得很对！”秦老师满意地夸奖说，“来，我们这就动手帮老人家把鸡场改造一下。”

李楠急忙跑过去，把计算结果告诉了爷爷。老人家喜出望外地说：“这太好了！同样的篱笆我可以养 784 只鸡了，比原来多一倍还多，看来还得相信科学。”说完他让李楠快去拿工具。

李楠转身从屋里拿出铁锹、钳子、铁丝等东西。在秦老师的指挥下，我们一起干了起来。老人家一面把鸡赶到一边，一面“嘿嘿”地笑个不停。他把李楠拉到身边，用嗔怪的口气说：“我养鸡好几年了，想多养一些，成天嚷嚷鸡场太小，你这傻小子怎么就没有想到秦老师的这一步呢？我看你年年白考第一名了！”

我忙为李楠开脱说：“老人家，这次还不是您孙子算出来的吗？他只是一心顾着学习，没有想到用学到的知识去解决实际问题。”

我们齐心协力地干了两个多小时，一个 784 平方尺的新鸡场终于大功告成了。

“统筹”一下，做饭更快

我们改造完鸡场就快 12 点了。李楠叫道：“奶奶，您快做饭吧，我们都饿了！”

李楠的奶奶从屋里走出来，答道：“看把你急的，饭菜我都已经做好了，再炒一盘葱花鸡蛋，咱们就吃饭。”

听说要炒鸡蛋，第一个洗完脸和手的秦老师兴致勃勃地说：“大妈，您歇一会儿吧，我来帮您炒，保证炒得又快又好吃。”说完就走进厨房动手做了起来。

真没想到，我刚把脸洗完，秦老师炒的香喷喷的鸡蛋已经端到桌子上了。我和小朋友们都对秦老师的炒蛋速度感到惊奇。

“哟，秦老师，你怎么炒得这么快呀？”

李楠的奶奶吃惊地说，“我做了几十年的饭，还从来没有用这么短的时间就把一盘子葱花鸡蛋炒好。”

秦老师心满意足地笑着说：“大妈，我这鸡蛋是用先进的‘统筹法’炒出来的。”

李楠的奶奶没有听懂秦老师的话，便问道：“你说什么法来着？”

我赶紧解释说：“秦老师刚才说的叫‘统筹法’，这是一种数学方法。不要说您老人家听不懂，就连书戎他们也不会。”

求知欲很强的李楠诚恳地请求说：“秦老师，您就给我们讲讲什么是‘统筹法’吧。”

“好。”秦老师答应，“‘统筹法’是现代一种很有用的数学方法。近些年来，它发展得很快，不但在人们的日常生活中，像炒葱花鸡蛋、烧水沏茶等，都用得上，而且对生产建设和科学研究也很有实用价值。等我把我炒鸡蛋的过程跟你们一讲，你们就会对‘统筹法’有个大概了解了。”

秦老师回过头来问李楠的奶奶：“大妈，您以前是怎样炒的？”

“我嘛，”李楠的奶奶显得蛮有经验地说，“总是把敲鸡蛋、剥葱洗葱、切葱、打蛋液、刷锅、烧锅、烧油、煎炒这几个步骤安排得有条不紊，干完一个再干另一个。我一直以为自己手脚麻利，炒得快，可是跟老师一比，我就落后了。”

秦老师招呼李楠他们说：“来，我们计算一下奶奶炒鸡蛋一共用了多少时间。假定敲鸡蛋需要 1 分钟，剥葱洗葱 1 分钟，切葱 1 分钟，打蛋液 1 分钟，刷锅 1 分钟，烧热锅 2 分钟，烧开油2分钟，煎炒要用2分钟。”

“一共用了11分钟，”书戎立刻回答说。

秦老师说：“现在我把我炒鸡蛋的过程说一下，看需要多少时间。在没炒之前，我仔细地想了想，发现烧热锅和烧开油的这4分钟里自己没事干，所以我就设计了一个新的炒鸡蛋步骤。我是先刷锅，刷好后把它放在炉子上烧，在烧锅的这2分钟里，我把鸡蛋敲好，把葱剥好洗净；然后往锅里倒油，在烧油的2分钟里，我又把葱切好，把蛋液打匀；最后再用2分钟，便把鸡蛋炒完了。”

秦老师刚说完，李楠立刻说：“秦老师，您真行，只用7分钟就把鸡蛋炒好了，比我奶奶快了4分钟。”

“这就是‘统筹法’的妙用！”秦老师笑笑说，“在没有用‘统筹法’以前，我炒一次鸡蛋都要用10多分钟的时间。”

“现在你们知道‘统筹法’是怎么回事了吧？”我对李楠他们说，“其实，‘统筹法’的基本思想是在完成工作任务的过程中，想方设法地节省时间、材料或能源。”

“是这样的，”秦老师点点头说，“‘统筹法’就是这个意思。”

“老师的这个什么法还真管用！”李楠的奶奶风趣地说，“现在不是兴改变吗，看来我的老一套炒鸡蛋方法也得改一改，需要学点儿先进的方法才行。”说完她热情地招呼我们：“快吃吧，饭都要凉了。”

怎么设计窗户面积最大？

吃饭的时候，李楠的爷爷对秦老师说："刚才您把鸡场给改造了一下，真为我解决了一个大问题。我还有一件事也想请您帮一下忙。我打算在鸡场的南边盖一个鸡窝，下雨天可以把鸡赶到里边去。我准备了两根 3 米长的木条，想给鸡窝安装一个窗户，可是我拿不准这窗户的尺寸要怎样设计，才能使窗户最大，您能帮我算一下吗？"

"可以，可以！"秦老师热情地连声答

应，“您老想把这鸡窝的窗户设计成什么形状的？”

“越简单越好，”老人家爽朗地说，“就设计成长方形的，中间拦上两条就行。”

“这太容易了，”秦老师指着李楠他们说，“这三个小家伙就能够帮您解决问题。”

李楠说：“爷爷，您放心，吃完饭我们就给您算。”

贾明一听要设计窗户的尺寸，三口两口就吃完了饭。他放下饭碗说：“你们慢慢吃，我先算算看。”说完就在纸上画了一个草图算了起来。

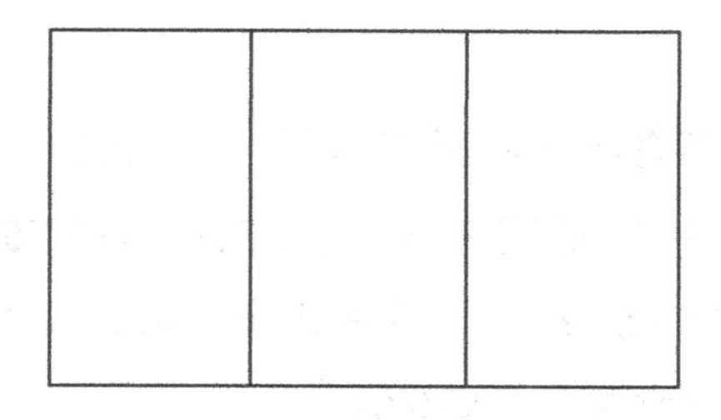

这时候书戎也吃完走到贾明身边。贾明指着草图对书戎说：“如果设这窗户的宽是 x 米，每根木条做一根横挡两根竖挡，那么它的高就是 $(3-x)\div 2=(\frac{3}{2}-\frac{1}{2}x)$ 米。而窗户的面积 S 是——”贾明随手写出式子：

$$S=\frac{1}{2}(3-x)x=-\frac{1}{2}\left(x^2-3x\right)$$

李楠放下饭碗走过去说：“这是一个二次函数，把它配一下方，就可以变成——”他接着贾明写的式子写下去：

$$S=\frac{9}{8}-\frac{1}{2}\left(x-\frac{3}{2}\right)^2$$

“这不就出来了吗！”李楠刚写完，书戎立刻说：“只有当第二项是0，也就是$x=1.5$的时候S才有最大值，这个值就是$\frac{9}{8}$。”

贾明补充说：“对，窗户的宽应该是1.5米，这样，窗户的高等于($\frac{3}{2}-\frac{1}{2}\times\frac{3}{2}$)米，就是0.75米，窗户的面积是$\frac{9}{8}$平方米。”

李楠走到还在吃饭的爷爷跟前，喜滋滋地说：“爷爷，您的问题我们解决了，把窗户做成宽1.5米、高0.75米就合适了。”

“好哇！你们真行！”老人乐呵呵地说，“只是一顿饭工夫，你们就把我想了好久的问题解决了。”

李楠转过身对我和秦老师说：“我天天生活在这些事情身边，怎么就想不出来呢？”

“这就叫学了不会用！”我看了看三个小朋友说，“学习和掌握知识固然重要，学会把知识应用到实际生活中去也是非常重要的。你们绝不能忽视这种能力的培养。当然，平时一定要注意观察，善于发现问题，如果你连实际问题都找不到，学以致用自然就无从谈起。”

扔扔火柴棍也能算 π 值？

把碗筷收拾好以后，李楠和书戎要下象棋。贾明拿起一盒火柴对书戎说："书戎，别下棋了，咱俩玩火柴游戏吧。"

书戎无精打采地说："都是老一套了，有什么好玩的？"

"哎，火柴棍的名堂可大哩！"秦老师郑重其事地说，"来，我教你们用火柴棍巧算 π 值的方法。"

秦老师的话引起了李楠和书戎的兴趣，连我也不由自主地凑过来，听他讲计算的

方法。秦老师让书戎找来一张白纸，然后在上面画了许多条间隔 40 毫米的平行线。又从火柴盒里取出一根火柴，去掉火柴头，留下 20 毫米长的火柴棍。接着他像发布命令似的说：“下面我总是从这个高度把小木棍扔到纸上，贾明，你记住我一共扔了多少次；书戎，你记住我扔下的火柴棍和纸上平行线相交的次数。”

扔了好一会儿，秦老师停下来对贾明说：“你用你记的数字除以一下书戎记的数字，看等于多少？”

贾明拿起笔算了一下说：“等于 3.143。”

“怎么样？”秦老师喜形于色，说，“如果都精确到小数点后边两位，这个数不是和 π 的值一样了吗！”

看了这个结果，三个小朋友都感到很奇怪。沉思了一会儿，谁也说不清这是怎么回事，于是就一齐缠住秦老师，寻根究底地要他讲讲其中的道理。

“假定我扔火柴棍的总次数是 n，棍同直线相交的次数是 m。为什么 n 除以 m 就是 π 的近似值呢？要说明原因，必须先弄清楚下面一个事实。”秦老师拿起刚才的火柴棍继续说，“你们看，这根火柴棍的长是 20 毫米，当它和直线相交的时候，交点当然是这根火柴棍中的某一处，而且这 20 毫米中的任何 1 毫米长度都不会比这 1 毫米有更优越的相交机会。因此，每 1 毫米长度的火柴棍同直线可能相交的次数是 $\frac{m}{20}$。如果火柴棍上的某段长度是 3 毫米，那么这一段同直线可能相交的次数就是 $\frac{3m}{20}$。如果某段长是 10 毫米，它同直线可能相交的次数就是

$\frac{10m}{20}$。其他以此类推。”

李楠接过去说：“这样说来，火柴棍同直线相交的次数同棍的长度成正比喽。”

“对，这是一个很重要的事实。”秦老师接着又说，“这个结果，在所扔东西是弯曲的时候也是对的。对弯曲的棍，扔下的时候和直线有几个交点，就算交了几次。”

说到这儿，秦老师稍做停顿，扫视了一下李楠他们，继续说道：“现在假定扔的是一根弯成圆环形的铁丝，它的半径正好和火柴棍的长度一样。如果我们还扔 n 次，你们说这个圆环和直线相交了多少次？”

“相交 $2n$ 次，”书戎立刻回答说，“因为圆环的直径正好和平行线间的距离一样，所以每次扔下，必定和直线有两个交点。”

秦老师点点头说：“我刚才所扔的火柴棍长度比这个圆环的周长要短，它们的比正好等于圆环的半径同周长的比，比值是$\frac{1}{2\pi}$。”

“老师，我知道这是怎么回事了。”李楠马上接过去说，“上面我们已经确定出相交的次数同长度成正比。而小木棍的长度同圆环形铁丝的长度的比值是$\frac{1}{2\pi}$，因此，火柴棍和直线相交的次数 m 同圆环和直线相交的次数 $2n$ 的比值也应该是$\frac{1}{2\pi}$，也就是$\frac{m}{2n}=\frac{1}{2\pi}$。所以 $\pi=\frac{n}{m}$，这正好是火柴棍的投掷次数同它和直线相交次数的比。”

“你说得太对了！”秦老师听了李楠简单明了的推理，高兴地说，“这里还需要指出的是：扔的次数越多，计算出的数值同 π 的近似程度就越高。如果你扔的次数少，结果可能会差得很远，例如你只扔 5 次，可能只相交 1 次，比值是 5，当然同 π 的值差得很远。这是属于数学中的概率问题，适用于多次重复的情况。”

“那好，我们再继续做下去，看它能精确到什么程度。”贾明说完，就兴致勃勃地动手实验起来。

从一加一等于几谈到二进制

在贾明专心致志地扔火柴棍的时候，李楠和书戎下起了象棋。下了一会儿，书戎渐渐占了上风，便抬起头扬扬得意地说：“‘数学迷’，这下棋你就不是我的对手喽！”看他那架势，好像从来就没输过似的。

秦老师看了看书戎说：“你既然这么会下棋，我想问你一个跟象棋有关的问题，你说在象棋里边一加一等于几？”

“老师，您可真会开玩笑！”书戎不以为意地说，“这一加一等于几同象棋有什么

关系？”

“我再问你，现在是 8 月，再过 6 个月是几月？”

“2 月呗！”书戎脱口而出，“这连小学生都知道，您怎么问这些问题呀？”

秦老师又问：“8+6 应等于 14，你为什么说等于 2？”

书戎想了想说：“这是因为一年有 12 个月，所以 8+6 还要减去 12，所以等于 2。”

“那 1+1 = 2 在哪儿都对吗？”秦老师直截了当地说，“告诉你吧，这 1+1 在象棋里边还真的不一定等于 2！象棋的车直来直去，马步对角而驰，从同一个位置出发，马走一步，车必须走两步才能到达马的位置。用加法形式来表示就是 1 次车步加上 1 次车步等于 1 次马步。这不就是 1+1=1，而不等于 2 吗？”

“啊，原来您说的是这个意思啊！”书戎还在继续下他的象棋。

秦老师接着又说：“你别以为我这是故弄玄虚。这种马步规则的加法，在数学上还有专门名词，叫二维加法。实际上象棋盘是一个坐标网格，每个格子都可以用一个‘序数对’表示。例如 (2,3) 就表示横向 2、纵向 3 的格子。假设从 (2,3) 位置出发，马向右上方跨一步到达 (4,4) 的位置，这不就相当于车横向朝右前进 2 格，再纵向朝上前进 1 格的合成吗？用数学表达式写出来就是——”秦老师在纸上写出了表达式：

$$(2,3)+(2,1) = (4,4)$$

书戎象棋也下完了，李楠被他“将死”了，他听秦老师说数学里还有专门研究这类问题的二维加法，才觉得看起来极简单的问题，实际上并不容易。不过他现在还没有弄清楚秦老师为什么要谈这些内容。秦老师好像看出了书戎的心思，故意大声说："这 1+1 不仅在象棋里边不等于 2，在计算机里也不等于 2，而是等于'10'。"

李楠听秦老师这么一说，就知道这指的是二进制，就说："老师，计算机使用的不是二进制吗？"

贾明一听到二进制，就说："我总听人说计算机使用的是二进制，可就是不知道怎么回事。现在您提起了它，您就给我们讲讲吧。"

"哦！"书戎恍然大悟，说，"秦老师刚才谈了这么多棋步，原来是为了给我们讲二进制啊！"

"是的，现在我就简单地讲一讲这个问题。"秦老师说，"我们用天平称东西的时候总要用砝码，现在请你们设计一下，应该至少备些什么质量的砝码，如 1 克、2 克等，或者更沉的砝码，使我们能称出 1~1000 克的任何整克数的质量？"

"我看一般的砝码盒子里备有一个 1 克、两个 2 克、一个 5 克、一个 10 克、两个 20 克、一个 50 克、一个 100 克、两个 200 克、一个 500 克砝码，就能称出 1~1000 克的任何整数克数的质量了。"李楠平时很关心这些，他注意过这个问题。

"照你说的，一共要 11 个砝码，看能不能更少些呢？"秦老师问。

"那我们来试着探索一下。"李楠想了一想说。

贾明接过去说："我看 1 克的砝码总是需要的，要称 2 克，那就再要一个 1 克的砝码，……"

李楠忙说："照你这样，所需要的砝码太多，不如直接要一个 2 克的砝码，既可以称出 2 克的质量，还可以把它和一个 1 克砝码加起来，称出 3 克的质量。再往下要称出 4 克的质量，我看不必再要第二个 2 克的砝码，倒不如干脆要一个 4 克的砝码就行了。"

书戎说："对，'数学迷'说的话有道理，有了这三个砝码，就可以称出 1~7 克的任何整克数质量了。下一步可以要一个 8 克的砝码，有了它就可以称出 15 克以下的任何整克数质量了。以此类推，下一个就应该要一个 16 克的砝码。"

"你们这样推算很好，这里选择砝码的规律是，克数都是 2 的幂。按照这个规律选择下去，我们只要 1 克、2 克、4 克、8 克、16 克、32 克、64 克、128 克、256 克和 512 克这 10 个砝码，就可以称出 1~1000 克的任何整克数质量了。实际上它可以一直称到 1023 克的质量。现在我们把砝码放一边，只看数字 1、2、4、8、16、32、64、128、256 及 512。用这 10 个数字，选取 1 个或几个，就可以表示出等于或小于 1023 的任何正整数。例如，100 = 64+32+4；675 = 512+128+32+2+1。1023 可以写成这 10 个数字的和。"

稍微停顿了一下，秦老师像讲课似的又说："如果我们把这列数无限地倍增下去，就可以得到一个数列。把这些数通过适当的方法相加，就可以用来表示任何有限正整数。我们前面说过，这些数字都是 2 的幂，你们知道任何数的 0 次幂是 1，所以 1 也是 2 的幂。因此，我们就可以用 2 的幂来表示任何正整数。这时候——"秦老师接着写出下面几个式子：

$$100 = 2^6+2^5+2^2$$

$$675 = 2^9+2^7+2^5+2^1+2^0$$

$$1023 = 2^9+2^8+2^7+2^6+2^5+2^4+2^3+2^2+2^1+2^0$$

“为了不至于引起混乱，在表示某一个数的时候，我们总是把所有的幂都写上，如果不想使用哪一个幂，就在它前边乘上 0，如果需要用它，就在它前边乘上 1。例如——”秦老师又写出下面的等式：

$$100=0\times2^9+0\times2^8+0\times2^7+1\times2^6+1\times2^5+0\times2^4+0\times2^3+1\times2^2+0\times2^1+0\times2^0$$

说到这儿，贾明忍不住问了一句：“不用它，还把它写上，又通过乘以 0 把它再去掉，这不是自找麻烦吗？”

“其实不然！”秦老师继续说，“这样做，我们只要记住它的含义，即使把 2 的幂都去掉，按顺序保留它的系数，仍然能够知道它表示的是什么数。例如 1023 可以写成 1111111111，100 可以写成 0001100100，5 可以写成 0000000101。显然，任何一个正整数都可以写成这样的形式。不过，为了简单起见，人们约定把所有不用的 2 的高次幂略去不写，仅仅从所用的最高次幂开始写，并且从它开始连续写下去。也就是把所有的左边无间断的一串 0 全部略去。这样一来，像 100 就可以写成 1100100，5 可以写成 101。采用这样的方式，所有的数字都可以用 1 或 0 的某种组合来表示。这种表示法就是二进数制，简称二进制。你们看，二进制数里边根本就没有 2 这个数，因此 1+1 也就谈不上等于 2 了。在二进制里，2 就写成 10。但是这个‘10’不念成‘十’，只能念成‘一零’。至于二进制数怎样运算，你们可以找一下有关这方面的书，一看就会明白的。”

“这还是够麻烦的，”贾明不满意地说，“写代表 1023 的 1111111111，还不如直接写 1023 方便省事呢。”

“对人来说，这确实非常麻烦。但是，对计算机来说，这可是太理想了，”秦老师笑着说，“因为它只有两个数字 1 和 0。在计算机上，可以通过电子元件的两种不同状态来进行搭配。我们不妨把这两种不同状态比作平常照明线路里的开关，令‘开’表示 1，‘关’表示 0。如果计算机里有 10 条线路，数字 1023 就可以表示成‘开开开开开开开开开开’，而 100 就可以表示成‘关关关开开关关开关关’。线路越多表示的数字越大。这对用电控制的计算机来说，真是再简单不过了。当然，就数制来说，还有三进制、四进制等。例如前面计算月份就用的十二进制，时间的小时、分、秒就是六十进制的。但是用在计算机上再也想不出比二进制更理想的数制了，因此计算机一般都采用二进制。”

“这二进制太神奇了！可惜我还是没太搞懂！”贾明不好意思地说。

“没关系，”我安慰他说，“如果你们有兴趣，找个时间我再给你们详细讲一下 。”

多少糖才能摆满整个棋盘？

书戎听完了秦老师讲的二进制，觉得刚才和李楠下棋还没有过瘾，就挑战说：“‘数学迷’，咱们再‘杀’一盘怎样？”

李楠不甘示弱：“‘杀’就‘杀’！”

贾明对下棋不感兴趣，就到外面看别人踢足球去了。

这时李楠转身到里屋去了。在书戎摆棋子的时候，李楠拿出一个紫红色的糖盒，里面装满了五颜六色的糖，足有二斤重。

他随手挑了几块，递给我和秦老师，然后抓了一把放到书戎跟前："这是奖励优胜者的奖品！"

这时候，我想起了前几天看到的一个容易使粗心人出错的题目，就接过糖盒，对李楠和书戎说："我给你们出一个往棋盘里放糖的题目，看谁先算出得数，好吗？"

"好啊，您就快说吧！"他俩异口同声地说。尤其是李楠，更是严阵以待，两眼直愣愣地看着我，好像打算在数学上赛赢书戎，以挽回在象棋上的败局。

我一边把 1 块糖放在棋盘的一个格子里，把 2 块糖放在另一个格子里，一边慢悠悠地说："就这样，在每一格里放糖，后一格都比前一格多放 1 块，河界里不放，问放满所有的格子，这一盒糖够不够？"

也许是为了抢先，我话音刚落，书戎就脱口而出："棋盘总共才 64 格，这一盒糖足够放了！"

李楠很沉着，一会儿看看棋盘，一会儿看看糖盒，然后用肯定的口气说："书戎说得不对！放满棋盘上的 64 个格子，一盒糖不够。"说完他拿起纸和笔，写出算式：

$$1+2+3+\cdots+64=?$$

书戎探头一看，马上改口说："叔叔，我说错了。原来放在 64 个格子里糖的数目，正好是自然数等差数列的前 64 项的和。这个和数应是首项加末项的和乘上项数折半，1+64 是 65，64 折半是 32，……"

"130、260、520、1040、2080，叔叔，一共要放 2080 块糖，对吗？"没等书戎算出得数，李楠扳完 5 个手指抢先说了，"一盒糖算有 200 块，至少要有 11 盒才够放满 64 格。”

“好，第一个回合李楠暂时领先。书戎开始的回答太冒失了。”我接着说，“现在我们改变放糖的方法。第一格放 1 块，以后每一格放的块数都是前一格的两倍，问放满 64 格需要多少块糖？”

书戎和李楠凝神思考了起来。只见他俩都在纸上写着算式：

$$1+2+2^2+2^3+\cdots+2^{63}=?$$

李楠说：“叔叔，这式子好像是等比数列的前 64 项求和，我在一本科普书上看到过。可是怎么求，我忘了。”

书戎也说：“我也不会。”

我向秦老师递了一下眼色，希望他来讲一讲。秦老师说：“这确实是一个求等比数列前 64 项和的问题。所谓等比数列，就是数列从第二项开始，每一项同前一项的比都是同一个常数。设这个比值是 r，它叫作公比，设首项是 a。这样，等比数列就可以写成 $a,ar,\cdots,ar^{n-1}$ 的形式。当 r 不等于 1 的时候，这个数列的前 n 项的和等于 $a\dfrac{1-r^n}{1-r}$。”

“哦，我会了！”李楠说，“我们算的题目里，$a=1$、$r=2$、$n=64$，所以总和应该是——”接着他在纸上写出算式：

$$(2^{64}-1)\div(2-1)=2^{64}-1$$

算到这儿，李楠卡住了。秦老师也估计到了这一点，所以他接下去说：“$2^{64}-1$ 是一个大得吓人的数目，直接写出结果就是 18446744073709551615。”

“好家伙，要这么多块糖才能放满 64 格！”书戎吐了吐舌头，吃惊地说。

“你们知道这个‘大数’是一个什么样的概念吗？”接着我给他们讲了一个古印度的传说：“古印度的国王打算奖励发明国际象棋的一位大臣。国王问大臣：‘你想得到什么样的奖赏？’大臣说：‘我只求您在棋盘的第一格赏我一粒麦子，以后每一格赏的麦粒数都比前一格增加一倍，直到 64 格摆满为止。’不懂数学的国王听后窃窃自喜，心想大臣所要的不算多，就一口答应：‘你一定会如愿以偿的。’谁知数麦粒的工作开始以后，一袋又一袋的麦子扛到国王面前，总也填不完棋格。国王哪里知道，要填满 64 格，所需要的麦子大约是 140 万亿斤，如果把这些麦子堆成 1 米高、1 米厚的麦墙，麦墙能绕地球 3000 圈还多！最后国王恼羞成怒杀了这位大臣。”

秦老师开玩笑说：“李楠，你有那么多块糖吗？”

“好，在第二回合中，李楠虽然没能算出得数，但是还是比书戎占了上风，”我一本正经地评论，“李楠在数学比赛中取得了胜利。我早就看出，李楠想在数学上赛赢书戎，以挽回在象棋上的败局，这回你的愿望实现了！”

奶奶去菜市场带了多少钱？

李楠的爷爷一直在听我们谈话。当他听到古印度国王恼羞成怒杀了他的大臣的时候，情不自禁地说了一句：“这国王太缺德了！”真没想到老人家听着听着，竟然也出了一道题，考起他的孙子来了。他笑着说：“小楠，我也给你们出一道题，看你们能不能算出来。”

“爷爷，您给我们出什么题呀？”李楠

迫不及待地说。

这时候贾明看完足球回来了，他一听李楠的爷爷要出题，立即找个凳子坐了下来。

老人家没有回答李楠，而是问道："对啦，小楠，你学的英文头三个字母怎么读来着？"

"咦，爷爷，您问这个干什么呀？"李楠不解地问，"头三个字分别叫 A、B、C。"

"对，对，是 A、B、C。"老人家点着头慢慢地说，"今天早上，你奶奶去副食店买猪肉花去 BB 元 C 角，买一条鱼花去 C 元 A 角，给你买棒棒糖花去 A 角，这三笔钱加起来是 AB 元 C 角，最后钱包里只剩下 1 角，你们几个算一下，看看小楠奶奶上街的时候一共带了多少钱。"最后老人家还特意叮嘱我和秦老师："你们二位不要帮他们算！"

李楠他们觉得爷爷的题出得新鲜，但是不知道从哪儿下手，就交头接耳地讨论开了。

"这个题肯定没法算！"贾明第一个发表意见，"花去的三笔钱和一共花的钱全是未知数，只知道剩下 1 角，这怎么算哪？"

"是啊，一点儿解题的线索都没有。"书戎附和说。

"爷爷，您的 A、B、C 不是随便说的吧？"李楠问道。

"我的 A、B、C 每个字母代表一个数呀，"老人家说，"怎么能是随便说的呢？"

"哦，这是一道文字加法题。"李楠说完写下了这样一个式子：

$$\begin{array}{r} B\ B\ C \\ C\ A \\ +\quad A \\ \hline A\ B\ C \end{array}$$

“行，有希望了！”我不由自主地说了一句。但是立刻想到老人家的叮嘱，就没有再说下去。

说者无意，听者有心。三个小家伙的 6 只眼睛都盯住了李楠列出的式子。他们积极地开动脑筋，想找出解题的方法。

“从我列的式子看，A 和 B 肯定都不等于 0，”李楠首先分析说，“要是等于 0，我奶奶总共花的钱就只有 C 角了，买棒棒糖也没花钱，这不可能。”

“被加数的个位数 C 和两个 A 相加还等于 C，这说明 A 只可能是 5 或者 0。”书戎接着说，“刚才李楠已经说了，A 不等于 0，因此，A 一定是 5。”说完他用 5 替换了算式里的 A，把算式改写成：

$$\begin{array}{r} B\ B\ C \\ C\ 5 \\ +\quad 5 \\ \hline 5\ B\ C \end{array}$$

“从十位数来看，”贾明也分析说，“B 和 C 相加，再加上进位的 1，等于 B，说明 $C+1=10$，也就是 $C=9$。”说完他也改写了一下算式，得到：

$$\begin{array}{r} B\ B\ 9 \\ 9\ 5 \\ +\quad 5 \\ \hline 5\ B\ 9 \end{array}$$

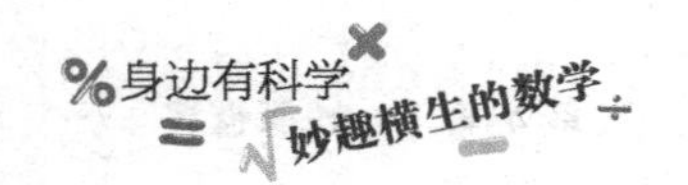

“现在好办了。”李楠说，“被加数的百位数 B 加进位的 1 等于 5，可见 $B=4$。所以我奶奶上街一共带了……”

“54 元 9 角加 1 角等于 55 元。”书戎抢着说出了得数。

“爷爷，我们算得对吗？”李楠问。

“对，对！小楠奶奶正是带了 55 元上街的。”老人家乐呵呵地夸奖道，“好啊好！我本想难住你们，结果还真的没有难住，可见你们的数学学得真是好。”

“的确，李楠他们的数学学得真是好啊！”我补充说，“特别是通过和秦老师谈身边的数学，他们不但复习了课堂上学到的许多基础知识，而且还初步学会了知识的实际应用，分析问题和解决问题的能力也有了不小的提高。”

秦老师听我这么一说就坐不住了，他谦虚地说：“如果说李楠他们通过谈身边的数学取得了什么提高的话，那么全是他们勤奋好学的结果。”

我看了看表，已经 5 点多了，就建议：“今天就谈到这里吧。”

贾明噘起嘴说：“叔叔，才 5 点多就结束，太早了！”

书戎也恳求说：“叔叔，再谈一会儿吧，到 6 点准时结束。”

“咱们不能让秦老师回家太晚了呀！”我解释说。

“不碍事！”秦老师说，“我从刚才你们的谈话里听到一个现成的题目，就把它作为我们这次谈话的最后一个题目吧。”

“真是好啊”代表什么数字？

秦老师面对着我，回忆说：“刚才李大伯好像接连说过‘好啊好’和‘真是好’，老兄你说过‘真是好啊’，……”

听了秦老师说的，我感到莫名其妙，就打断了他的话，问：“老兄你不是说要出一个现成的题目吗？尽唠叨这些干什么？”

“我说的就是题目呀！”秦老师说，“把大伯说的‘好啊好’和‘真是好’加起来，得数正好是老兄你说的‘真是好啊’！”

“秦老师，这算什么数学题目呀？”贾明不解地说，“连一个数字都没有！”

“这是一道地地道道的加法题。”秦老师写了一个竖式：

$$
\begin{array}{r}
好\ 啊\ 好 \\
+\ 真\ 是\ 好 \\
\hline
真\ 是\ 好\ 啊
\end{array}
$$

随后接着说，“我要求你们运用逻辑思维，准确地推断出‘真’‘是’‘好’‘啊’4个字各代表什么数字，才满足上面这个竖式。”

可能是因为秦老师宣布了这是最后一道题，三个小家伙都想争取“运算权”。他们争得面红耳赤，最后我只好指定让贾明回答。

贾明得意地分析道：“从秦老师写的竖式可知，两个百位数‘好’和‘真’相加等于‘真是’，可见有一个进位，因此‘真’一定是1，‘好’加‘真’要想进位，‘好’只可能是8或9。假如是8，从个位知‘啊’就是6。而从十位看，‘啊’加‘是’再加进位的1要等于8，‘是’也只能代表1了。”说完，他把竖式里的汉字换成数字，写出来就是：

$$
\begin{array}{r}
8\ 6\ 8 \\
+\ 1\ 1\ 8 \\
\hline
1\ 1\ 8\ 6
\end{array}
$$

“错啦，错啦！”书戎压低嗓音说。

“不要插嘴！”我提醒书戎，“不是商量好了，让贾明一个人做吗？”

“我知道错了！”贾明显得很镇静，胸有成竹地说，“刚才我说过，‘好’可能是8或9。既然8不对，那只能是9喽。这样，根据‘好’加‘好’等于‘啊’，‘啊’就应该是8。而

‘啊’加‘是’再加进位的 1 要等于 9，那‘是’只能代表 0 了。”说完贾明重新写出竖式：

$$
\begin{array}{r}
9\ 8\ 9 \\
+1\ 0\ 9 \\
\hline
1\ 0\ 9\ 8
\end{array}
$$

“所以，”经过检查，贾明有把握地说：“‘真’代表 1，‘是’代表 0，‘好’代表 9，‘啊’代表 8。”

“好极了！”秦老师兴奋地说，“贾明把我们今天谈话的‘压轴戏’做得很好！”

“怎么，老兄你还准备跟他们谈一个题目？”我惊讶地问秦老师。

“不，”秦老师以为我没听清他的话，连忙解释道：“我已经说了这是‘压轴戏’！好，咱们结束谈话吧。”

“哈哈，老兄，你说错了！”我纠正说，“‘压轴戏’指的是倒数第二个节目，最后一个节目应该叫‘大轴子’！”

“秦老师，您再给我们讲一个题不就行了！”机灵的书戎咧嘴笑着说。

“您就再给我们讲一个题吧！这样我刚才做的题就是名副其实的‘压轴戏’了！”贾明也乘机劝秦老师。

“得，这是老兄你‘自食其果’，”我笑着说，“你就再来个‘大轴子’吧！”

玩具汽车比赛中的计谋

“这‘大轴子’出什么题呢？”秦老师一边说，一边扫视着四周的东西。我也在为出题而搜肠刮肚。

“哦，有啦！”我从书架上看到一辆玩具汽车，联想起一个蛮有意思的数学题，就不由自主地喊了一声。

“什么好题？”秦老师喜出望外地催我说，“你快说吧！”

我拿来玩具汽车，把书戎叫到身边，

问他：“你还记得和刘畅比赛汽车的事吗？”

“记得。”书戎点点头回忆说，“三年前，我和刘畅弟弟各用三辆玩具汽车进行比赛，第一回合我以 3 ∶ 0 获胜，可是第二回合，由于我叔叔替刘畅出谋划策，结果我以 1 ∶ 2 失利。”

“这是怎么回事呢？”贾明不解地问书戎，“是你的车出毛病了？”

“不是书戎的车出了毛病，”我详细地介绍说，“当时书戎有三辆质量很好的玩具汽车，三辆车的速度可以分成快、中、慢三等。刘畅知道了也想要，我就给他买了三辆质量差点的玩具汽车，速度也可以分成快、中、慢三等。不过刘畅的快车不如书戎的快车快，但是比书戎的中速车要快；刘畅的中速车不如书戎的中速车快，但是比书戎的慢车快；刘畅的慢车比书戎的慢车慢得多。有一天，他俩凑在一起比赛。第一回合，刘畅和书戎以快车对快车，中速车对中速车，慢车对慢车，结果刘畅以 0 ∶ 3 输了。当时他大哭了一场，吵着要我给他买跑得快的汽车。我哄着他再进行比赛，结果他破涕为笑，以 2 ∶ 1 赢了书戎……”

“你是怎么输的？”贾明问书戎。

书戎说：“那是我叔叔使了计谋，他先用刘畅的慢车跟我的快车比，然后用刘畅的快车跟我的中速车比，最后用刘畅的中速车跟我的慢车比，就这样第二回合我只胜了一场。”

“哦，原来是这样！”贾明不以为意地说，“可是这算什么数学问题呀？”

“哎，你这话就说错了，”秦老师解释道，“这是一个货真价实的数学问题，属于数学中的一个分支——‘对策论’研究的范畴。”

“老师，什么叫‘对策论’？”李楠问。

秦老师简明扼要地介绍说：“对策论作为一个数学分支，它用数学的观点和方法去研究取胜策略等问题，它的应用范围越来越广泛。在我们的日常生活中，可以说是处处有对策问题。书戎同刘畅比赛汽车，第二回合之所以输了，就是因为他叔叔应用了对策论，采取了正确的比赛策略。”

“这么说在乒乓球团体比赛中，根据对方的情况，选配阵容，排定运动员出场次序等，都要用对策论喽。”李楠插话说。

“其实，平时我们下象棋和打桥牌，为了取胜，都在运用对策论，只是你并不觉得罢了。”我又补充说，“在我国古代，把玩牌和下棋等活动叫作‘博弈’，所以，对策论有时也叫‘博弈论’。”

“是啊，干什么事情都得有策略，”秦老师总结，“这就叫‘讲究对策，无往不胜’！”

“哟，快6点了！”我紧张地说，“秦老师晚上7点30分还要参加一个会议呢，今天咱们就谈到这儿吧。”

“好，”秦老师欣然同意，“那我先走一步了。再见！”

“再见！”